CORRESPONDANCE BOTANIQUE.

LISTE

DES JARDINS, DES CHAIRES, DES MUSÉES, DES REVUES ET DES SOCIÉTÉS DE BOTANIQUE

DU

MONDE.

NEUVIÈME ÉDITION.

LIÉGE.

A LA BOVERIE, Nº 1.

1881.

CORRESPONDANCE BOTANIQUE.

LISTE

DES JARDINS, DES CHAIRES, DES MUSÉES, DES REVUES ET DES SOCIÉTÉS DE BOTANIQUE

DU

MONDE.

NEUVIÈME ÉDITION.

LIÉGE.

A LA BOVERIE, N° 1.

1881.

Gand, Imprimerie C. Annoot-Braeckman.

PRÉFACE DE LA NEUVIÈME ÉDITION.

La *Correspondance botanique* est destinée à faciliter les relations entre les botanistes des cinq parties du monde.

Elle fait connaître les représentants les plus actifs de la botanique dans les divers États du globe; elle permet d'apprécier l'organisation scientifique dans les principaux centres d'étude et elle fournit la liste des publications périodiques qui traitent des sciences botaniques.

Les renseignements pour l'améliorer et la tenir au courant affluent avec tant d'empressement que la *Correspondance botanique* est devenue une œuvre collective dont nous ne sommes que l'éditeur. Nous espérons qu'il en sera de même dans l'avenir et que nous pourrons donner chaque année, vers le mois de septembre, une édition nouvelle et meilleure. Nous recevrons avec infiniment de reconnaissance les annotations qu'on voudra bien nous envoyer.

Les changements survenus depuis l'année dernière dans le monde botanique ont été très nombreux et sont soigneusement consignés dans cette neuvième édition.

Liége, 26 décembre 1881.

ED. MORREN.

EUROPE.

EMPIRE D'ALLEMAGNE (GERMANIA).

DEUTSCHES REICH.

Royaume de Prusse, Preussen (Borussia).

Berlin (BEROLINUM), *Brandebourg.*

Université :

MM. Dr A. W. Eichler, prof. ord. de bot. systém., dir. du Jard.
roy. de bot. et du Musée bot., Potsdamerstr. 75 a.

Dr S. Schwendener, prof. ord. d'anat. et de physiol. végét., dir.
de l'Institut bot. et du Jard. bot. de l'Univ., Mathäikirchstr. 28.

Dr L. Kny, prof. dir. de l'Institut de physiol. vég., Keith-
Strasse, 8.

Dr Aug. Garcke, prof. extr., conserv. du Musée bot., réd. de
la *Linnaea*, Friedrichstr., 227.

Dr P. Ascherson, prof. extr., conserv. du Musée bot., Kör-
nerstr., 9.

Dr P. Magnus, professeur extr. à l'Univ., Bellevuestr., 8.

Dr L. Wittmack, professeur extr. à l'Univ., conserv. du Musée
agron., réd. du *Garten-Zeitung*, Invalidenstr. 42.

Dr C. Jessen, prof. extr. de l'Univ. de Greifswald, Kastanien
Allee, 69.

MM. Dr M. Westermaier, priv. docent à l'Univ., Banhofstr., 2.

Dr W. Zopf, priv. docent, Kesselstr., 33.

Dr Fr. Kurtz, assist. de phytopaléontologie au Cabinet de minér., Königin Augustastr., 50.

Académie des sciences :

MM. Dr prof. N. Pringsheim, membre, Bendlerstr., 31, édit. des *Jahrbüch. für Wissenschaft. Bot.*

Dr prof. S. Schwendener, membre, Mathäikirchstr., 28.

Dr prof. A. W. Eichler, membre, Potsdamerstr. 75a.

Ecole supérieure agronomique :

MM. Dr A. B. Frank, prof. de physiologie vég., Philippstr., 8.

Dr L. Kny, prof. de botanique.

Dr L. Wittmack, prof. de botanique.

Dr W, Zopf, privat-docent de botanique.

Jardin royal de botanique (Königl. Botan. Garten) :

MM, Dr A. W. Eichler, directeur, Potsdamerstr., 75a.

...., inspecteur, Potsdamerstr., 75.

Dr Ign. Urban, 1er aide-botaniste, Schöneberg, Grunewaldstr., 19.

Henry Potonié, 2e aide-botaniste, Dorotheenstrasse, 42 (N. W.).

Musée royal de botanique (ancien Herbier royal) :

MM. Dr A. W. Eichler, directeur.

Dr A. Garcke, 1er conservateur.

Dr P. Ascherson, 2e   ″

F. Dietrich, 3e   ″   , Lützowstr., 107.

G. Ruhmer, aide-naturaliste, Schoeneberg, Grunewaldstr., 9.

P. Hennings, aide-naturaliste, Potsdamerstr., 76a.

Jardin botanique de l'Université :

MM. Dr S. Schwendener, directeur.

W, Perring, jard. en chef.

Institut botanique de l'Université :

MM. Dr S. Schwendener, directeur.

Dr M. Westermaier, assistant.

Institut de physiologie végétale de l'Université et de l'Ecole supérieure agronomique :

MM. Dr L. Kny, dir. de l'Inst. de physiol. véget.

Dr Frank, prof. de physiol. des plantes.

Dr W. Zopf, assistant.

Institut de physiologie végétale de l'Ecole supérieure agronomique :
MM. Dr A. B. Frank, directeur.
    Dr A. Tschirch, assistant.

Musée agronomique (Landwirtschaftliches Museum) :
    M. Dr L. Wittmack, conservateur, Invalidenstr., 42.

Botanistes :
    MM. Dr H. Ambronn (*Anatomie, Algologie*).
        G. H. Bauer, Hollmannstr., 18 (*Salix, Chara*).
        J. C. Bolle, Leipziger Platz, 14.
        Dr O. Hoffmann, 13, Nostizstr.
        Em. Hunger, dir. de l'Intern. bot. Tauschverein, Heinelehof., 5, N.O.
        E. Jacobasch, Alvenslebenstr. (*Champignons*).
        Dr Robert Koch de Wollstein, Regierungsrath (*Bactéries*).
        Dr Em. Koehne, Lehrer an der Falk-Realschule, Goebenstr. 30.
        Dr F. Kraenzlin, Oberlehrer am Gymnasium zum grauen
            Kloster, Lichterfelde (*Orchidées*).
        Dr M. Kuhn (*Fougères*), Louisenstr., 67.
        A. W. Lackowitz, Schönhauser Allee. 57.
        Dr. Th. Liebe, Oberlehrer an den Friedrichs-Werderschen
            Gewerbeschule, Ritterstr., 35.
        Dr. E. Loew, Oberlehrer an d. Königl. Realschule, Lützowstr., 51.
        Dr H. Polakowsky, Augustastr. 49. (*Fl. de Costa-Rica*).
        Rector Reusch, 14, Nostizstrasse.
        Dr J. Schrader, Matthaeikirschstr., 21.
        Dr Schwartz, Hallisches Ufer, 21 (*Diatomacées*).
        Dr Sulzer, Schiffbauerdam, 33 (*lichénologie*).
        P. Sydow, 3, Blumenthalstrasse, dir. du *Berliner Botanische
            Tausch-Verein.*
        Dr Troschel, Alvenslebenstr., 3.
        W. Vatke, Leipzigerstr., 2.
        Th. Vogel, Linienstr., 236.
        Dr. E. Weiss, prof. à l'École des mines, Kurfürstenstr, 31.
            (*Paléontologie*).
        Th. Wenzig, Kreuzbergstr., 6. (*Pomacées*).
        A. Winkler, Geh. Kriegsrath a D., Schillstr., 17.

Société d'horticulture (Verein zur Beförderung des Gartenbaues) :
    M. Dr L. Wittmack, secrét.-gén. et rédacteur du *Garten-Zeitung*,
        Invalidenstr., 42.

Aix-la-Chapelle (AQUISGRANUM, AACHEN), *Prusse rhénane.*
> MM. Dr M. Debey, médecin (*paléont. vég.*), dir. du Jard. bot., rue
> St Jacques, 114.
> V. Monheim, pharmacien.
> Dr Foerster, professeur, 23, Franzstrasse.

Altenhausen, près Erxleben, *Saxe.*
> M. G. Maass (*Rubus*).

Altona, près Hambourg, *Schleswig-Holstein.*
> MM. Dr K. M. Gottsche (*Hépatiques*).
> Timm, instituteur (*Bryologie*).

Annen, *Westphalie.*
> M. W. Schemmann, instituteur (*Echanges*).

Aschersleben, *prov. de Saxe.*
> M. Adolphe Schmidt, archidiacone (*Diatomacées*).

Bärwalde, *Brandebourg.*
> M. R. Ruthe, médecin vétérinaire (*bryologie*).

Bassum, *Hanovre.*
> M. C. Beckmann, pharmacien (*Fl. d'Europe, Mousses*).

Bieberich-am-Rhein, *Hesse-Nassau.*
> M. A. Vigener, pharmacien de la Cour (*Rheinischer Tauschverein*)

Böhne, *près Rathenow, Poméranie.*
> M. R. Hülsen, pasteur (*coll. bot.*).

Bonn (BONNA), *Prusse rhénane.*

Université et Jardin botanique :
> MM. Dr Ed. Strasburger, prof. ord. de bot., dir. du Jard. bot.
> Dr Fréd. Schmitz, prof. extr. de pharmacognosie (*Pipéracées*).
> Dr C. J. Andrä, prof. extr. de paléont. vég.
> J. Bouché, inspecteur du Jard. bot.

Académie agricole de Poppelsdorf :
> MM. Dr Körnicke, prof. de bot.
> Dr Ulrich Kreusler, dir. du labor.
> Dr Dreisch, attaché au laboratoire.
> Sprengel, prof. et inspect. des forêts.
> R. Hermann, jard. de l'Acad. et chargé des cours d'horticulture.

Société d'histoire naturelle (Naturhistorischer Verein der preus-
sischer Rheinlande und Westfalens)

MM. Dr H. von Dechen, président.

Dr prof. C. J. Andrä, secrétaire, réd. der *Verhandlungen*.

Dr prof. A. Karsch, à Munster, dir. de la section botanique.

Paléontologie végétale :

M. E. Krantz, comptoir minéral.

Brandenburg sur le Havel, Brandeburg-a-Havel
Brandeburg.

MM. A. Barnewitz, instituteur.

W. Hechel, instituteur.

Adolphe Toepffer, botaniste (*Fl. exsicc. Ind. occid.*, *échanges*,
ventes), (Schlesische Botanische Tausch-Verein) corresp. du
baron Eggers de St Thomas (Antilles).

Paul Thiede, instituteur.

Paul Sintenis, attaché à la Schl. Bot. Tausch-Verein

Braubach, *Hesse-Nassau*.

M. le Bon A. von Spiessen, Oberförster (*Flore rhénane*).

Braunsberg, *prov. de Prusse*.

M. F. Seydler, professeur.

Breslau (VRATISLAVIA,) *Silésie*,

MM. Dr H. R. Goeppert, prof. ord. de bot. à l'Univ., dir. du Jard. bot.

Dr Ferdinand Cohn, prof. ord. de bot. à l'Univ., secrét. de la
Sect. bot. de la *Société Silésienne*, dir. de l'Inst. de phys.
vég., édit. des *Beiträge zur Biologie der Pflanzen*, Schweid-
nitzer Stadtgraben, 26.

Dr Lackowitz, cand. phil., assist. au Jard. bot.

Dr Körber, prof. extr. à l'Univ. (*lichénologie*).

Dr Ch. Schumann, Oberlehrer.

B. Stein, insp. du Jard. bot.

Dr E. Eidam, aide à l'Inst. de phys. vég. (*Mycologie*).

Dr Franstedt, Lehrer an der höheren Bürgerschule.

Dr Lorinser, chanoine (*Coll. bot.*).

G. Limpricht, Lehrer, Palmstrasse, 21, (*bryologie*).

Dr G. Stenzel, Oberlehrer (*Morphologie et Phytopaléontologie*).

R. von Uechtritz, Klosterstr., 84, fondateur du *Schlesische Botanische Tausch-Verein*. (*Flore d'Europe*).

Dr Moritz Traube (*Physiologie végétale; fermentations*).

MM. H. Kabath, Schuhbrücke, 27.
H. Langner, Kgl. Oberbergamt.
Dr W. von Funke, prof. ord. d'agric. et dir. de l'Institut agron.
Dr Holdefleiss, dir. de la station agronomique.
Dr J. Schroeter, Ober Stabs-und Regimentsarzt (*Mycologie*).
Dr W. G. Schneider (*Mycologie*).
Ferd. Pax, Weidenstr. 34.
Schulze, Lorenzgasse, 2, (*Musci frondosi*).
Kern, instituteur, Klosterstr., 73.

Brinnitz. *près Lupp, Silésie.*
M. Schoebel. pasteur.

Bunzlau, *Silésie.*
M. Petzold, ancien dir. des parcs de Muskau.

Burg Pfaffendorf, près Bergheim, *Prusse rhénane.*
M. Pierre Dreesen (*bryologie*).

Cassel, *Hesse-Nassau.*
MM. Dr C. Ackermann, secrét. du *Verein für Naturkunde.*
Dr H. F. Kessler, Reallehrer (*Galles*).
Dr Oscar Uhlworm, dir. du *Botanisches Centralblatt*, Neue Wilhelmshöfer Allee, 46.

Celle, *Hanovre.*
M. Nöldeke, Ober-Appellations Gerichsrath (*Flore du Hanovre*).

Clève (CLIVIA), *Prusse rhénane.*
M. Dr J. C. Hasskarl (*Fl. des Indes Orient.*).

Cölleda, *prov. de Saxe.*
M. J. Jage, instituteur.

Cöslin, *Poméranie.*
M. Doms, instituteur (*Fl. de Poméranie.*).

Cologne (CÖLN, COLONIA AGRIPPINA), *Prusse rhénane.*
MM. Dr O. W. Thomé, recteur de la Bürgerschule.
J. Niepraschk, dir. du Jardin de la Soc. *Flora.*
Dr Kalender.

Creuznach, *Prusse rhénane.*
M. Geisenheyner, instituteur.

Dahme, *Brandebourg.*

MM. Dr J. Fittbogen, dir. de la stat. agron.

Dr J. Groenland, prof. de sc. nat. à l'éc. d'agric. (*prépar. microsc.*).

Danzig (GEDANUM, DENTISCUM), *prov. de Prusse.*

MM. Dr prof. Bail, dir. de la Naturforsch. Gesellsch. (*mycologie*).

Dr H. Conwentz, dir. du musée d'hist. nat.

Dr Helm (*paléontologie*).

Dr Boischke, botaniste et entomologiste.

G. Rössig, pharmacien.

Dittmansdorf, *Silésie.*

M. Felsmann, anc. dir. du *Schlesischer Tausch Verein.*

Düsseldorf, *Prusse rhénane.*

MM. O. Hering, dir. du parc.

Dr Czech, prof. à la Realschule.

Eberswalde (Neustadt-Eberswalde), *Brandebourg.*

MM. Dr O. Brefeld, prof. ord. de bot., dir. du Jard. bot. à l'Acad. forest.

Dr M. Kienitz, lecteur de bot. à l'Académie forest.

Erfurt, *prov. de Saxe.*

M. Ludwig Möller, dir. du *Deutsche Gärtner-Zeitung.*

Eupen, *Prusse rhénane.*

M. C. Roemer (*Mousses*).

Finsterwalde, *Brandebourg.*

M. Dr A. Schultz, médecin (*coll. bot.*).

Francfort sur le Mein (FRANCOFURTUM AD MŒNUM) *Hesse-Nassau.*

MM. Dr H. Th. Geyler, conserv. du Muséum de l'Inst. de Senckenberg, dir. du Jard. bot., Friedberger Landstrasse, 107.

G. Perlenfein, jard. en chef du Jard. bot.

Weber, jard. en chef de la ville.

Heiss, inspecteur du *Palmengarten.*

P. Kesselmayer.

Oscar Bittger, Lehrer der Naturgeschichte an der Realschule und Docent für Geol. am Senckenbergischen Institute.

Fulda, *Hesse-Nassau.*
>   MM. Dr W. Gies, prof. (*Flore locale*).
>   Dannenberg, pharmacien (*Mousses et Lichens*).

Geisenheim, *Hesse-Nassau.*
>   MM. R. Göthe, dir. de l'école de viticulture (K. Obst-und Weinbau-Anstalt).
>   Dr Herman Müller (de Thurgau), prof. à l'École de viticulture.
>   Dr Moritz, prof. à l'École de viticulture.

Giesmansdorf, près Neisse, *Silésie.*
>   M. Winkler (*coll. bot.*).

Goerlitz, *Silésie.*
>   MM. Dr R. Peck, dir. du Jard. bot. de la ville.
>   Dr Klefeld.
>   Dr Schuchardt.

Göttingue (Gottinga, Göttingen), *Hanovre,*
>   MM. Dr Comte Herm. de Solms-Laubach, prof. ord. de bot. à l'Univ., dir. du Jard. bot.
>   Dr J. Reinke, prof. ord. et dir. de l'Institut de phys. vég. à l'Univ.
>   Dr Paul Falkenberg, priv. docent de bot. à l'Univ.
>   Dr Berthold, priv. doc. de bot., assist. à l'Institut de physiol. vég.
>   H. Gieseler, jard. en chef du Jard. bot.
>   Dr W. J. Behrens, Allée, n° 4, réd. du *Botanische Centralblatt.*

Graudenz, *prov. de Prusse.*
>   M. Scharlok, ancien pharmacien.

Greifswald, (Gryphiswaldia), *Poméranie.*
>   MM. Dr J. Münter, prof. ord. de bot. à l'Univ., dir. du Jard. bot.
>   Dr. Edm. Goeze, insp. du Jard. bot.
>   L. Holtz, aide au Jard. bot.
>   Dr Marsson, pharmacien (*Flore de Poméranie*).

Halle-sur-la-Saale (Halae), *prov. de Saxe.*
>   MM. Dr Grég. Kraus, prof. ord. de bot. à l'Univ., dir. du Jard. bot.
>   Dr Jul. Kühn, prof. à l'Univ., dir. de l'Institut agricole.
>   Rud. Schwan, insp. du Jard. bot.
>   O. Wolf, jard. en chef de l'Institut agric.
>   Dr Karl Müller (*Synopsis muscorum*), réd. du Journa
>   « die Natur ».

Hamm, *Westphalie.*
    M. Dr C. Steinbrinck, prof. au gymnase.

Hanovre (HANNOVER).
    MM. H. Wendland, dir. du Berggarten de Herrenhausen.
    Dr Mejer, Oberlehrer (*Flore du Hanovre*).
    Dr Hermann Krause, Realschule.
    Dr W. Hess, professeur.

Hausberge, *Westphalie.*
    M. G. Braun, pharmacien (*Herbarium ruborum*).

Hildesheim, *Hanovre.*
    M. R. Alberti, dir. de la station de chimie agricole.

Hirschberg, *Silésie.*
    M. E. Fiek, pharmacien (*Flore de Silésie*).

Hoch-Paleschken, près Alt-Kischau, *prov. de Prusse.*
    M. A. Treichel, Rittergutsbesitzer.

Höxter, *Westphalie.*
    M. Beckhaus, superintendant.

Iauer, *Silésie.*
    M. Dr F. Johow.

Kiel (KILIA), *Schleswig-Holstein.*
    MM. Dr Ad. Engler, prof. ord. de bot. à l'Univ., dir. du Jardin. bot.
        réd. du *Botanische Jahrbücher für Systematik, Pflanzengeschichte und Pflanzengeographie*
    T. Dittmann, assistant à l'institut botanique.
    E. Hild, jard. en chef du Jard. bot.
    Dr Emmerling, dir. de la stat. agron.
    Dr Rodewald, assist. à l'institut agron.
    Dr Falck, prof. extr. de pharmacologie.
    Dr Prahl, médecin militaire. (*fl. de Schleswig-Holstein*), **Muh**liustr., 87.
    Dr F. Koeck (*Valérianacées*).

Königsberg, (REGIOMONTIUM BORUSSORUM), *prov. de Prusse.*
    MM. Rob. Caspary, prof. ord. de bot. à l'Univ., dir. du Jard. bot.
    C. Einicke, insp. du Jard. bot.
    Eug. Rosenbohm, assistant au Jard. bot.
    Dr C. Baenitz (*Herbiers, échange et ventes. Herb. Europaeum*).
    Patze, pharmacien.
    Hensche, Stadtrath.

Landsut, *Silésie.*
M. A. Hoger, prorecteur.

Lenzen sur l'Elbe.
M. H. Schütz, instituteur.

Königshutte, *Silésie.*
M. Dr Wagner.

Liebau, *Silésie.*
M. Dr Otto Pfeiffer, pharmacien.

Liegnitz, *Silésie.*
M. Gerhardt, instituteur.

Linz am Rhein, près Coblenz, *Prusse rhénane.*
M. Melsheimer, inspecteur des forêts.

Lippstadt, *Westphalie.*
M. Dr H. Müller, Oberlehrer à la Realschule (*pollinisation*).

Loewenberg, *Silésie.*
M. M. Dresler.

Lüdinghausen, *Westphalie.*
M. J. P. Reiss, pharmacien.

Lüneburg, *Hanovre.*
MM. Dr Steinvorth, prof. au Johanneum.
Herm. Günther (*Valérianacées*).

Lychen, *Brandebourg.*
M. Heiland, instituteur (*coll. bot.*).

Lyck, *prov. de Prusse.*
M. Dr C. Sanio

Magdebourg, *Saxe.*
MM. W. Ebeling, prof., présid. de la *Société botanique.*
Bause, professeur.

Marburg, (Marpurgum), *Hesse-Nassau.*
MM. Dr A. Wigand, prof. ord. de bot., dir. du Jard. bot.
Guill. Zeller, jard. en chef du Jard. bot.

MM. Dr Zimmermann, assist. au Jard. bot.
Dr R. Hesse, dir. des Landwirthschaft Vinterschule.

Meseritz, *Posen*.
M. Th. Meyer, instituteur.

Minden, *Westphalie*.
M. Dr Banning, professeur (*Rubus*).

Münden, *Hanovre*.
MM. Dr N. J. C. Müller, prof. de bot. à l'Académie roy. forestière et dir. du Jard. bot., réd. des *Botanische Untersuchungen* (Heidelberg).
Zabel, inspecteur du Jard. de l'Académie forest.

Münster, (MONASTERIUM), *Westphalie*.
MM. Dr A. Karsch, prof. ord. de méd. et de bot. à l'Acad. (*Flore de Westphalie*).
Dr Th. Nitschke, prof. ord. de bot. à l'Académie.
Heidenreich, insp. du Jard. bot.
Dr F. Wilms, jun., pharmacien, (*Fl. de Thuringe et de Westphalie*).

Münter, *Hanovre*.
M. Ad. Andrée, pharmacien (*flore d'Hercynie*).

Muskau, *Silésie*.
MM. Schrefeld, insp. d'arboriculture.
Roth, insp. du jardin.

Myslowitz, *Silésie*.
M. C. Unverricht, prof. de musique.

Neu-Ruppin, *Brandebourg*.
M. Ch. Warnstorf, instituteur (*bryologie*).

Nordhausen, *prov. de Saxe*.
M. Dr C. T. Kützing, professeur (*Algues*).

Potsdam, *Brandebourg*.
MM. Jühlke, dir. des Jardins roy. de Sans-Sonci.
Dr E. Hartnack (miscroscopes Hartnack et Praszmowski).
W. Lauche, insp. de l'école d'horticulture.

MM. Wrede, insp. de la pépin. roy. d'Altgeltow, près Potsdam.
Dr Baumgardt, dir. de la Realschule.
Dr Th. Spieker, prof. à la Realschule.

Proskau, *Silésie.*
Stoll, dir. de l'Institut pomologique.
Dr Paul Sorauer, Dirigent der Pflanzenphysiologischen Versuchsstation, prof. an der Gärtnerlehranstalt.

Reichenbach, *Silésie.*
MM. Dr Pinzger, professeur.
Dr Schumann, médecin.

Rybnik, *Silésie.*
M. R. Fritze, pharmacien (*Herbier de Wimmer, échanges*).

Sangerhausen, *Thuringe.*
M. C. Lebing, professeur.

St-Goar, *Prusse rhénane.*
M. S. Herpell, (*mycologie*)

St. Johann sur la Saar.
M. Fr. Wirtgen, pharmacien.

Schleswig.
M. N. Hinrichsen, prof. au gymnase.

Schönfeld, près Mühlbock, *Brandebourg.*
M. J. Golenz, instituteur (*coll. bot.*)

Schweidnitz, *Silésie.*
MM. F. Peck, président du tribunal.
W. Schoepke, instituteur.

Solten, *Hanovre.*
M. C. Schaper, pharmacien.

Stadt-Königshütte, *Silésie.*
M. Dr Wagner, Knappschaftsarzt.

Strehlen, *Silésie.*
M. Dr Bleisch, Sanitätsrath, Kreisphysikus (*Diatomées*).

Stettin, *Poméranie.*
>   MM. Dr Arthur Minks, médecin, Frauenstrasse, 43 (*lichénologie*).
>   C. Seehaus, professeur (*Flore de Poméranie*).

Striegau, *Silésie.*
>   M. Zimmermann, instituteur.

Tilsit, *proc. de Prusse.*
>   M. Dr Heidenreich, médecin (*Salix, etc.*).

Usingen, *Kreis Obertaunus, Hesse-Nassau.*
>   M. le baron A. von Spiessen, Oberförster (*Fl. rhénane*).

Waldau, près Osterfeld, *Saxe.*
>   M. Dr Schliephacke, dir. de fabrique (*bryologie*).

Wedel, *Schleswig-Holstein.*
>   M. J. D. Moeller, Institut für Mikroskopie (*Diatomacées, etc.*).

Weilburg-sur-la-Lahn, *Nassau.*
>   M. Dr Kienitz-Gerloff (*Anat. comp. des Cryptogames*).

Wetzlar, *Prusse rhénane.*
>   M. Seibert (*Microscopes Seibert et Krafft*).

Wiesbaden, *Hesse-Nassau.*
>   M. Dr Woronin, Mainzerstr., 24.

Winningen, *Prusse rhénane.*
>   M. J. Schlickum.

Wohlau, *Silésie.*
>   M. P. Milde, peintre.

Wüste-Waltersdorf, *Silésie.*
>   M. F. Sonttag, pharmacien.

Royaume de Bavière (Bayern).

Munich (MONACHIUM, MÜNCHEN), *Haute-Bavière.*
>   MM. Dr Ch. Guill. von Naegeli, prof. ord. de bot. à l'Univ., dir. du
>   Jard. bot. et de l'Herbier roy., dir. du labor de physiol.
>   végétale, membre de l'Académie royale des sciences, Augus-
>   tenstrasse, 15/1. (*Mycologie, Proto-organismes*).

MM. Dr Louis Radlkofer, prof. ord. de bot. à l'Univ., conserv. du Jard. bot. et de l'Herbier roy., dir. du labor. bot., memb. de l'Acad. roy. des sciences, Sonnenstrasse, 7/1.1. (*Sapindacées*).

Dr Rob. Hartig, prof. ord. des sciences forest. à l'Université, présid. de la Soc. bot., dir. des *Untersuchungen aus dem forstbotanischen Institut zu München*, Arcisstrasse, 32/3.1.

Dr Ebermayer, prof. ord. à l'Univ. (*bot. forest.*).

Dr Weiss, assist. de bot., réd. du *Deutsches Magazin für Garten- und Blumenkunde* de Stuttgart.

Dr J. H. Schultes, attaché à l'Herbier roy., Schwanthalerstr., 41.

Dr Herman Dingler, conserv. de l'Herbier et du Jard. bot. Augusten Str., 69. III.

Dr Albert Peter, conserv. de l'Herbier et du Jard. bot. Hessstr., 25.

Max Kolb, Oberinspector du Jard. bot., réd. du *Deutsch Mag. für. Garten- und Blumenkunde.*

Dr C. O. Harz, prof. de bot. et de zool. à l'École centrale vétérinaire.

Dr E. Wollny prof. ord. des produits d'origine végétale à la Kgl. techn. Hochschule.

. . . . . dir. de la stat. centr. agron.

Dr Carl Wilhelm, assist. à l'Institut de bot. forest. (*Anatomie*).

Dr A. von Krempelhuber, K. Kreisforstmeister, Amalienstr. 3. (*lichénologie*).

Dr F. Arnold, conseiller de justice, vice-présid. de la Soc. bot. (*lichénologie*). Sonnenstrasse, 7.

Von Effner, directeur des jardins du Roi de Bavière.

Dr Ant. Besnard, médecin.

Dr Kiliani, Lehrer d. k. Industrieschule.

Ansbach, *Franconie moyenne.*

M. Dr Kayser médecin (*bryologie*).

Aschaffenbourg, *Basse-Franconie.*

MM. Dr K. Prantl, prof. de bot. à l'Acad. forest.

Dr K. Wilhelm, assistant.

Dr Döbner.

Augsbourg (Augusta Vindelicorum), *Souabe.*

MM. Dr B. Dietzell, dir. de la stat. agron.

Dr Britzelmayer (*mycologie*).

Caflisch, professeur (*Flore d'Allemagne*).

Bamberg, *Haute-Franconie.*
MM Dr Funk, médecin, dir. du Jard. bot.
Dr Haupt, dir. du Musée d'hist. natur.

Bayreuth, *Haute-Franconie.*
MM. Dr A. Walter, (*bryologie, Flore de Bavière*).
Eisenbarth, jard. de la Cour.

Bertolzheim, près Neuburg an d.-Donau, *Souabe.*
M. le comte du Moulin.

Eichstaett, *Franconie moyenne.*
M. Ph. Hoffmann, professeur.

Erlangen, *Franconie moyenne.*
MM, Dr Max Reess, prof. ord. de bot. à l'Univ., dir. du Jardin bot.
coll. du *Biologisches Centralblatt.*
Dr Paul Reinsch (*Algues et Champignons*).
Dr Fisch, assistant à l'Institut botanique.
Dr J. Rosenthal, prof., dir. du *Biologisches Centralblatt.*
J. Sajfert, jard. en chef du Jard. bot.

Landau, *Palatinat du Rhin (Rheinpfalz).*
M. . . . . . secr. et réd. du *Pollichia.*

Landsberg, *Haute-Bavière.*
M Otto Bachmann, prof. à l'Ecole d'agric. (*Microscopie*).

Landshut, *Basse Bavière.*
M. prof. Zeis, président de la *Société botanique.*

Memmingen, *Souabe.*
M. Dr med. Holler (*bryologie*).

Neustadt-sous-la-Hardt, *Palatinat du Rhin.*
M. Dr Edmond List, dir. de la stat. agron.

Nymphenburg, *près Munich.*
M. Georg. Woerlein, Kgl. Zahlmeister.

Pfronten, *Souabe.*
M. Dr E. Kugler, médecin (*coll. bot.*).

Ratisbonne (RATISBONA, REGENSBURG), *Haut-Palatinat*.
MM. Dr J. Singer, prof. de sc. nat., dir. de la *Société botanique* réd.
de la *Flora*.
Dr Rehm, Landgerichtsarzt (*mycologie*).
Loritz, lehrer (*coll. bot.*).

Triesdorf, près Ansbach, *Franconie moyenne*.
M. Dr C. Kraus, dir. de la station agron.

Waldmünchen, *Palatinat supérieur*.
M. Dr A. Progel, médecin, collab. de la *Flora brasiliensis*.

Wayarn, *Station Thulhusp, près Meisbach*.
M. Dr A. F. Entleutner, professeur.

Weihenstephan, *Haute-Bavière*.
MM. Dr Braungardt, prof. de bot. à l'Acad. agric.
Dr Holzner, professeur.

Wunsiedel, *Haute-Franconie*.
M. Dr Kellermann.

Wurzbourg (WIRCEBURGUM, HERBIPOLIS, WÜRZBURG), *Basse-Franconie*.
MM. Dr Jul. von Sachs, prof. ord. de bot. à l'Univ., dir. du Jard. bot.
éditeur des *Arbeiten des botanischen Instituts zu Würzburg*.
Dr Ad. Hansen, assistant à l'Institut botanique.
C. Salomon, jard. en chef du Jard. bot.
Dr F. Bachmann, Gerberstr., 2.

Royaume de Wurtemberg.

Stuttgart.
MM. Dr C. Ferd. F. von Krauss, Vorstand der zool. Sammlungen des
k. naturhist. Museums und Vorstand des Vereins für vater
ländische Naturkunde in Würtenberg.
Dr Von Ahles, prof. à l'école polytechnique.
Dr E. Zeller, dir. au Ministère des finances (*algologie*).
Gmelin, conseiller au tribunal.
Schmidt, jard. en chef des jardins et parcs royaux.
O. Köstlin, doct. med. et prof. d'hist. natur. au Kgl. Gymnasium

Donnstetten, près Urach.

> M. Kemmler, curé (*Fl. du Wurtemberg*).

Hohenheim, près Stuttgart.

> MM. Dr Rau, dir. de l'Acad. agric. (Landwirthschaftliche Akademie).
> Dr Oscar Kirchner, prof. ord. de bot.
> Dr prof. E. von Wolff, dir. de la stat. agron.

Kisslegg.

> M. E. Kolb (*bryologie*).

Reutlingen.

> M. Dr Ed. Lucas, insp. de l'Institut pomol., réd. du *Pomologische Monatshefte*.

Tubingue (TÜBINGEN).

> MM. Dr W. Pfeffer, prof. ord. de bot. à l'Univ., dir. du Jard. bot.
> Dr Prof. von Nördlinger, insp. des forêts.
> Dr Fr. Hegelmaier, prof. extr. de bot. à l'Univ.
> Dr Frank Schwarz, assist. à l'Institut botanique.
> . . . . . jard. en chef du Jard. bot.

Royaume de Saxe, Sachsen (Saxonia).

Dresde.

> MM. Dr Oscar Drude, prof. ord. de bot. à la Kgl. technische Hochschule, dir. du Jard. bot. roy. et de l'Herbier.
> G. A. Poscharsky, insp. du Jard. bot.
> . . . . . conserv. de l'Herbier royal (Polytechnicum).
> Dr H. Engelhardt, Schillerstr. 16 (*Paléontologie végétale*).
> Krause, jard. en chef des Jard. roy., dir. de la Soc. d'hort. *Flora*.
> E. Weissflog, Altstadt ; Strehlener str., 7 (*Diatomacées*).
> Dr Deichmüller, secrét. de la Soc. d'hist. nat. *Isis* et réd. des *Abhandlungen und Sitzungsberichte der Isis*.
> Dr H. B. Geinitz, prof. ord. de géologie à la Kgl. techn. Hochschule, dir. du Musée géol. (*Paléont. vég*).
> C. A. Wobst, Oberlehrer, Ammonstr. 52 (*Flore de Saxe*).

Chemnitz.

> MM. Dr O. E. R. Zimmermann, présid. de la Naturwissenschaftliches Gesellschaft, Brauhausstr. 9 *(Mycologie, etc.)*.

MM. W. Albert Haupt (*Bactéries*).

C. Ed. Hempel, précepteur (*Algues*).

Heinrich Seidel, secrét. de l'Erzgebirgischen Gartenbauvereins.

Dr phil. J. F. Sterzel (*phytopalaeontologie*).

Max Wilsdorf, dir. einer landwirthschaftlichen Schule.

Döbeln.

M. Dr. W. Wolf, dir. de la station agronomique.

Freiberg.

MM. G. Kreischer, Bergrath, professeur (*algologie*).

Hartha.

M. Dr Hesselbarth, pharmacien.

Königstein sur l'Elbe.

M. Ernst Hippe (*coll. bot.*).

Leipzig (Lipsia).

MM. Dr Schenk, Hofrath, prof. ord. de bot. à l'Univ., dir. du Jard. bot. et de l'Institut bot.

Dr Chr. Luerssen, prof. extr., conserv. de l'Herbier de l'Univ. Braustr. 6ʰ. II. (*Fougères*).

Dr Rob. Sachsse, priv. docent de chimie agricole (*Histochimie*).

Dr Ambronn, assistant de l'Institut botanique.

F. Funck, insp. du Jard. bot.

Paul Richter, précept. (*algologie*), Anger, Villa Dreyzehner.

Dr Otto Kuntze, Eutritzsch (*Phytophylaxis, Rubus, Cinchona*).

Dr Georg Winter, réd. de la *Hedwigia*, Emilienstr., 18. (*jusqu'au* 1ᵉʳ *avril* 1882).

Dr Adam Prazmowski (*Bactéries*), Hohestr. 11 (actuellement à Dublany, près Lemberg).

Rothpletz (*Paléont. végétale*).

Möckern.

M. Prof. Dr Gust. Kühn, dir. de la station agron.

Pillnitz.

M. Terschek, jard. en chef de S. M. le Roi de Saxe.

Plauen im Vogtlande.

M. E. Théod. Bachmann, Oberlehrer.

Pommritz.
> M. Prof. Edouard Heiden, dir. de la station agron.

Tharand.
> MM. J. F. Judeich, dir. de l'école forestière.
> Dr Fréd. Nobbe, dir. du jard. for., de la stat. agron. et prof. de bot., dir. des *Landwirthschaflichen Versuchstationen* (publié à Berlin et à Chemnitz).

Zwickau.
> MM. Dr Otto Wünsche, Oberlehrer au Gymnase II (*Flore de Saxe*).
> Dr L. Gerndt, Oberlehrer au Realgymnase I (*fl. d'Allemagne*).

Duché de Saxe-Cobourg-Gotha.

Neustadt.
> M. Dr Gonnermann, (*mycologie*).

Ohrdruff.
> M. Dr Fr, A. W. Thomas, prof. à la Realschule (*Galles*).

Grand Duché de Saxe-Weimar-Eisenach.

Weimar.
> M. C. Haussknecht, professeur (*Perse, Asie Mineure, Fumaria*).

Eisenach.
> MM. H. Jaeger, chef du Jardin Grand-Ducal.
> Dr Senft, professeur au Gymnase.

Geisa.
> M. A. Geheeb, pharmacien (*bryologie*).

Iéna.
> MM. Dr Stahl, prof. ord. de bot. à l'Univ., dir. du Jard. bot.
> Dr Ern. Hallier, professeur extr. à l'Université.
> Dr W. Detmer, professeur extr. de physiol. végétale.
> Dr Pott, priv. docent de botanique.
> L. Maurer, insp. du Jardin bot.

MM. Dr D. Dietrich, conserv. de l'Herbier de l'Univ.

H. Maurer, jard. en chef de la Cour du Grand-Duc de Saxe.

Max Schulze, pharmacien, Holzmarkt (*Flore de Thuringe*).

Grand Duché de Bade.

Carlsruhe.

MM. C. Mayer (père), dir. du Jard. Grand-Ducal.

Mayer (fils), insp. du Jard. bot.

Prof. J. Doell, anc. conserv. de la bibl. gr. duc. (*Flore du Rhin et de Bade, Graminées*).

Dr Léopold Just, prof. de chimie agr. et de bot. à l'école polyt., dir. du *Botanischer Jahresbericht*.

Dr Blankenhorn, priv. docent de viticult. à l'école polytechn.

Prof. Dr Jules Nestler, dir. de la stat. agron.

Dr Beinling, assistant à la Samencontrollstation.

Baden-Baden.

M. Max Leichtlin (*Botanique horticole*).

Boetzingen, *près Gossenheim*.

M. Goll, pasteur.

Constance ou Konstanz.

MM. Dr E. Stizenberger (*lichénologie*).

J. B. Jack, pharmacien (*hépaticologie*).

L. Leiner, pharmacien.

Donaueschingen.

M. Kirchhoff, jard. en chef du Prince de Fürstenberg.

Fribourg *en Brisgau* (FREIBURG I. BR.).

MM. Dr F. Hildebrand, prof. de bot. à l'Univ., dir. du Jard. bot

. . . . . jard. en chef du Jard. bot.

Sauerbeck, Hofgerichtsrath (*Diatomacées*).

Dr Edm. von Freyhold, professeur.

Gernsbach.

M. Dr Wydler, ancien professeur à Berne.

Heidelberg.

MM. Dr E. Pfitzer, prof. ord. de bot., dir. du Jard. bot.

Dr E. Askenasy, prof. extr. de botanique (*Physiologie*).

MM. Ch. Lang, inspecteur du Jard. bot.
Dr. L. Koch, privat-docent de botanique à l'Université (*Anatomie*).
Dr F. Benecke, assist. à l'Institut bot.

Grand Duché de Hesse (Hassia).

Darmstadt.
MM. Dr Léop. Dippel, dir. du Jard. bot., prof. de bot. à l'éc. polytechn.
P. Schmidt jard. en chef du Jard. bot.

Giessen.
MM. H. Hoffmann, prof. ord. de bot., dir. du Jard. bot.
J. F. Müller, jard. en chef du Jard. bot.

Grand Duché d'Oldenbourg.

Oldenbourg.
M. Hagenau, professeur.

Varel.
M. O. Boeckeler (*Cypéracées*).

Duché de Brunswick.

Brunswick (BRAUNSCHWEIG).
MM. Dr W. Blasius, prof. de bot. et dir. du Jard. bot. de l'École polytechnique.
Emile Bouché, insp. du Jard. bot. de l'École polytechn.
Dr Hugo Schultze, dir. de la station agron.
W. Bertram, pasteur (*Flore du Brunswick, Mousses*).
E. Krumel, botaniste.
R. Süderssen (*Lichens*).

Grand Duché de Mecklembourg-Schwerin.

Schwerin.
M. Brockmüller, instituteur (*mycologie*).

Bützow.

MM. Dr Griewank, Medicinalrath.

C. Arndt, Oberlehrer au gymnase et secrétaire du *Verein der Freunde der Naturgeschichte.*

Rostock.

MM. Dr Jean Roeper, prof. ord. de bot. à l'Univ.

Dr C. Goebel, prof. de botanique.

Dr Neelsen, priv. doc. de bot.

Prof. Dr Heinrich, dir. de la stat. agron.

Waren.

MM. Dr P. Horn, pharmacien.

Struck, Gymnasiallehrer.

Duché de Saxe-Meiningen.

Meiningen.

M. Rottenbach, prof. à la Realschule (*Fl. de Thuringe*).

Hildburghausen.

M. Kepler, prof. à la Realschule.

Duché d'Anhalt.

Coethen (KOETHEN).

M. Dr F. Heidepriem, dir. de la stat. agron. (*sucreries*).

Bernburg.

MM. Dr Hellriegel, prof. d'agronomie.

H. Preussing, peintre (*Echanges*).

Zerbst.

M. L. Schneider, ancien bourgmestre (*Flore de Magdebourg*).

Principauté de Schwarzbourg-Sondershausen.

Sondershausen.

M. Dr Leimbach, professeur au Gymnasium, présid. de la Société botanique *Irmischia*. (*Orchidées d'Europe*).

Principauté de Schwarzbourg-Rudolstadt.

Rudolstadt.
M. C. Dafft, pharmacien (*Rosa* et *Rubus*).

Principauté de Reuss.

Géra.
MM. Dr Schmidt.
Dr F. Naumann, médecin (*Flore de Polynésie, du Japon, etc.*).

Greiz.
M. Dr F. Ludwig, Oberlehrer am Gymnasium.

Villes Libres.

Brême (BREMEN).
MM. Dr Fr. Buchenau, prof. dir. de la Realschule et réd. des *Verhandlungen der naturforschenden Gesellschaft zu Bremen.*
C. Messer, prof. à l'École industr.(Reallehrer) et assist. de bot. au Museum de la ville.
Dr W. O. Focke, médecin, Stein. Kreuz, 2 A. (*Rubus, Hybrides*).

Hambourg (HAMBURG).
MM. Dr Prof. H. G. Reichenbach, dir. du Jard. bot. et prof. de bot., rédacteur de la *Xenia Orchidacea*. (*Orchidées*).
Dr Richard Sadebeck, prof. de phys. vég. à l'école sup. Johanneum, présid. de la Soc. bot., Besenbinderhof. 48.
Dr J. A. Schmidt, anc. prof. de bot. à l'Univ. d'Heidelberg, à Ham, Mittelstr., 37.
Dr F. Klatt, St. Pauli Amandastr., 18. (*Composées, Iridées*).
Ed. Otto, Schroederstift, 29 II, Louisenstrasse, réd. du *Hamburger Garten-und Blumenzeitung.*
J. D. E. Schmeltz jun., dir. du Musée Godeffroy.
J. W. Schabert, secrét. de la Soc. d'hort. de Hambourg, Altona et environs, Eimsbüttel, Sandweg, 25b.
A. Spihlmann, trésorier ", Eimsbüttel, Parkallee, 10.
Ch. Vetter, grosse Bleichen, 32 (*Vente d'Herbiers, etc*).

MM. Dr Wahnschaff. St. Pauli Sternstr., 5. (*bryologie*).
Dr Karl Kraepelin, praecept., Hammerbrookstr. 17.
D. Charton, Büschstr., 4.

Lübeck.

M. Dr Brehmer, sénateur.

Alsace-Lorraine, Elsass-Lothringen (Alsatia-Lotharingia.)

Strasbourg, (ARGENTORATUM, STRASSBURG IM ELSASS)
MM. Dr Ant. De Bary, prof. ord. de bot. à l'Univ., dir. du Jard. bot.,
rédacteur en chef de la *Botan. Zeitung.*
Dr Julius Nortmann, assistant au laboratoire de bot.
Auguste Grün, jard. en chef du Jard. bot.
Dr F. A. Flückiger, prof. ord. de pharmacie
Arthur Meyer, assistant au laboratoire de pharmacie.
Prof. Buchinger (*coll. bot.*).
Dr Ed. Zacharias, privat docent de bot. à l'Université.
Dr G. Klebs, assistant de botanique.

Altkirch.

M. C. Fietz, Kreisschulinspector (*Flore d'Alsace*).

Barr.

M. E. Hander, Lehrer an den Realschule.

Bionville.

M. l'abbé Barbiche, curé.

Burmath.

M. W. Schüle, dir. de l'Ecole de pomologie.

Hagenau.

M. Ilse, inspecteur des forêts (*Flore de Thuringe*).

Rufach.

M. Dr Kurt Weigelt, dir. de la station agron. (*onœlogie*).

Thann.

M. Gustave Zimmerlich, Kreisschulinspector.

Wasselnheim,

M. Waldner, Lehrer an den Realschule, dir. du *Botanischer
Tauschverein d'Alsace-Lorraine.*

EMPIRE D'AUTRICHE-HONGRIE.

CISLEITHANIE.

AUTRICHE, OESTERREICH (AUSTRIA).

Vienne (VINDOBONA, WIEN), *Basse-Autriche.*

Université. :
MM. Dr A. J. Kerner, Chevalier de Marilaun, prof. ord. de bot. à
l'Univ., dir. du Jard. bot., Rennweg, 14.
Dr J. Wiesner, prof. ord. d'anat. et de phys. vég. à l'Univ., dir.
de l'Institut de phys. vég., Alservorstadt, Türkenstr. 3.
Dr Jos. Böhm, prof. ord. de physiol. vég. à l'Univ., Josef-
stadt, Reitergasse, 17.
Dr A. Vogl, prof. ord. de pharmacolog. à l'Univ., Währingerstr., 31.
Dr H. W. Reichardt, prof. extr. de bot. à l'Univ., Traun-
gasse, 4.
Dr Eust. Woloszczak, assist. au Jard. bot.
Dr Jean Molisch, assist. à l'Institut de physiol. vég. à l'Univ.
Fr. Benseler, inspecteur du Jard. bot.

Cabinet de botanique de la cour imp. et roy. (K. K. Botanisches
Hofcabinet) :
MM. Dr H. W. Reichardt, custos et dir. prov., Traungasse, 4.
Dr Günther Beck, assist., Waehring Herrengasse, 14.

Académie des sciences.
MM. Dr prof. A. J. Kerner, membre ord.
Dr prof. J. Wiesner, membre corresp.
Dr Stur, K. K. Oberbergrath, membre corr., Rasumoffskyg, III, 3.

École polytechnique :
MM. Dr A. Kornhuber, prof. de zool. et de bot.
Dr F. von Höhnel, prof. de bot. physiol. et technol. à Mariabrunn.
Ant. Heimerl, assistant.

École d'agriculture et station agronomique: (K. K. Hochschule
für Bodencultur) :
MM. Prof. Dr Ignace chevalier de Moser, dir. de la station agron.
Dr Jos. Böhm, prof. de physiologie végétale.
Dr. Ad. chev. de Liebenberg, prof. de culture.

M. Dr Franz Schindler, priv. doc. für landwirthschaftlichen Pflan-
zenbau.

Société imp.-roy. de zoologie et de botanique :
MM. Al. Fr. Rogenhofer, secrétaire.
    Dr E. von Marenzeller, secrétaire.

Société impériale d'horticulture :
MM. P. Gerh. Schirnhofer, secrét.-général.
    Jos. Bermann, secrétaire.

Allg. Oesterr. Apotheker-Verein :
MM. Dr Schiffner, président.
    Dr H. Braun, conservateur du Musée.
    J. A. Knapp, collabor. du Musée.

Botanistes :
MM. Dr Aberle, professeur, Bäckerstrasse, 8.
    Breidler, architecte, Obere Weissgäberstr. 15 III (*bryologie*).
    Dr Breitenlohner.
    Dr Alf. Burgerstein, professeur.
    H. Engelthaler, instituteur à l'école protestante.
    J. B. Förster, Landstrasse, 20 (*bryologie*).
    Dr Eug. Halàcsy, médecin, Neubaugasse, 80.
    Jos. Krenberger, chapelain, Bäckerstr., 9.
    Dr G. Mayr, prof. à la Realschule (*Galles*), Landstrasse.
    Hauptstr., 75.
    Ferd. Müllner, Rudolphsheim Neugasse, 39.
    Joh. Ortmann, Rechnungsrath.
    Dr H. Paschkis, Stadt, Werderthorgasse, 15.
    D^r Al. Pokorny, dir. du Leopoldst. Realgymnasium, Taborstr, 24,
    Mor. Prihoda, Engelgasse, 4.
    Dr Karl Richter, II. Taborstrasse, 17.
    Chev. Ad. Senoner, anc. biblioth. de la Geolog.-Reichsanstalt,
    III. Krieglergasse, 14.
    Dr Alex. Skofitz, édit. de l'*Oesterr. bot. Zeitschrift* et dir. du
    Wiener botanischer Tausch-Verein, V. Schlossgasse, 15.
    G. C. Spreitzenhofer, Stadt, Postgasse, 20.
    D. Stur, K. K. Oberbergrath, vice-dir. geol. Reichsanstalt,
    III, Rasumoffskygasse, 3 (*Paléont. vég.*).

MM. Baron F. von Thümen, Währing, Schulgasse, 1, (*mycologie*),
édit. de la *Mycotheca universalis*.
Dr Aug. Léop. Ritter von Reuss, Mariahilferstr. 5.
J. B. von Keller, Wieden, Hauptstrasse, 78, II Stock.
Dr Th. Ritter von Weinzierl.
Dr Henri chev. Wawra von Fernsee, médecin honor. d'état-
major de la marine imp. et roy., I. Giselastr., 1.
H. Zukal, instituteur, III. Barichgasse, 31, I Stock.

Horticulture :
MM. Fr. Antoine, dir. du Jardin imp. de l'Hofburg.
Fr. Maly, jard. en chef du Jard. imp. du Belvedere et de l'Hort.
Floræ Austriacæ.
A. C. Rosenthal et J. Bermann, rédacteurs du *Wiener illustrirte
Gartenzeitung.*

Aistersheim, *Haute-Autriche.*
M. K. Keck (*Echange et vente de plantes, Herb. norm. de Schultz*).

Berndorf, *près Leobersdorf, Basse-Autriche.*
M. A. Grunow (*algologie*).

Kalksburg, *Basse-Autriche.*
M. Prof. J. Wiesbaur, S. J. (*Fl. d'Autriche et Hongrie*).

Klosterneuburg, *Basse-Autriche.*
MM. Bᵒᵘ A. W. von Babo, dir. de l'École pom. et œnolog., édit. de
l'Obstgarten.
Dr prof. L. Roesler, dir. du lab. de chimie et de physiol.
Dr Rudolf Stoll, prof. de pomologie, réd. de *l'Obstgarten.*
Prof. Emerich Ráthay, à l'École pom. œnol.

Kremsmünster, *Haute-Autriche.*
Le P. Lamb. Guppenberger (*Flore de Kremsmünster*).

Laxenburg, *Basse-Autriche.*
MM. Fr. Rauch, insp. du Jard. imp.
F. Vogel, jard. en chef de la pépinière.

Linz, *Haute-Autriche.*
MM. Dr Rob. Rauscher, conserv. du dép. bot. du Musée.
Dr Schiedermayr, Statthaltereirath (*cryptogame*).

Mariabrunn, près Vienne, *Basse-Autriche.*
MM. Dr Jos. Moeller, administration forestière (*Anatomie*).
Prof. D^r Fr. R. von Höhnel (*Physiologie*).

Melk.
Le P. O. A. Murmann, prêtre du couvent de St Benoît (*Flore de Styrie*).
Le père Gabriel Strobl, professeur (*Fl. des Nébrodes*).

Randegg, *Basse-Autriche.*
M. Poetsch, docteur en médecine (*lichénologie*).

St-Pölten, *Basse-Autriche.*
MM. E. Hackel, professeur (*Graminées, Flore d'Espagne*).
C. Erdinger, chanoine.

Schoenbrunn, *Basse-Autriche.*
M. Ad. Vetter, insp. des Jard. imp. de Schoenbrunn et Hetzendorf.

Stammersdorf, *Basse-Autriche.*
M. Maxim. Matz, curé.

Steyr, *Haute-Autriche.*
M. A. Zimmeter, professeur (*Aquilegia*, etc.)

Währing, *Basse-Autriche.*
M. Dr Karl Mikosch, prof. à la Realschule.

Waldhofen sur l'Ybbs, *Basse-Autriche.*
M. H. Glatz, instituteur.

Wiener-Neustadt, *Basse-Autriche.*
M. J. Kerner, président du tribunal

BOHÊME, (BÖHMEN, BOHEMIA).

Prague (PRAGA, PRAHA en bohém.).
MM. Dr M. Willkomm, prof. ord. de bot. et dir. du Jard. bot.
Dr Lad. Celakovsky, prof. ord. de bot. à l'Univ. cons. du Musée nation., Palackygasse, 299.
Dr A. Weiss, prof. ord. de physiol. vég. à l'Univ., dir. du labor. de physiol.

MM. Dr P. V. Kosteletzky, prof. émer. de bot.
 J. Dedecek, professeur, Karolinenthal (*bryologie*).
 Paul Hora, aide au Jard. bot.
 M. Tatar, jard. en chef du Jard. bot.
 J. Freyn, ingénieur (*Coll. bot.*).
 Fiala, jard. en chef de la Soc. d'hort.
 Benedict Roezl, 109, Carolinenthal.
 J. Freyn, ingén. (*coll. bot.*)
 Karl Polák, Conservatorium II. (*Echanges*), Opatowitzerstr. 16.
 F. Tempsky, Verlagsbuchhändler.

Leitmeritz.
M. Klutschack, prof. au gymnase.

Lobositz.
M. Dr Jos. Hanammann, dir. de la stat. agric.

Mariaschein.
Le Père Alb. Dichtl, professeur.

Pilsen.
M. Vinc. Hansel, prof. à la Realschule.

Smiehow, *près de Prague.*
M. Carl Feistmantel, Hüttenverwalter (*Paléont. vég.*).

Weisswasser (Biela en bohém.).
M Dr Eman. de Purkinje, prof. à l'École forestière.

BUKOVINE.

Czernowitz.
M. Dr Ed. Tangl, prof. ord. de bot. à l'Université, dir. du Jardin botanique.

CARINTHIE (KÄRNTEN).

Klagenfurt.
MM. Bon de Jabornegg-Gamsenegg, dir. du Jard. bot.
 G. Ad. Zwanziger, réd. du. *Kärntner Gartenbau Zeitung* (*Paléon. tol. vég.*).

Malborgeth.
M. Dr Ressmann.

Ober-Vellach,
 M. David Pacher, doyen.

CARNIOLE (KRAIN).

Laibach (LABACUM ; LUBIANA en ital.).
 MM. W. Voss, professeur à la Realschule (*mycologie*).
  Guil. Linhart, professeur (*cryptogamiste*).
  C. von Deschmann, insp. du Musée.

DALMATIE.

Spalato.
 M. G. Kolombatović, prof. à la Realschule (*coll. bot.*).

GALICIE.

Cracovie (KRAKAU, KRAKÓW en polon.).
 MM. Dr Jos. Thom. de Rostafinski, prof. extr. à l'Univ., dir. du Jard.
  bot., rue Karmelicka, 29.
  Dr Ed. de Janczewski, prof. extr. d'anat. à l'Univ.
  Dr de Czerwiakowski, anc. prof. de bot.
  Dr A. Rehmann, priv. docent à l'Univ. (*bryologie*). Krzyzowa, 21.
  J Krupa, assistant au Jard. bot.
  . . . . . insp. du Jard. bot.
  H. Rettig, jard. en chef.

Dublany, près Lemberg.
 M. Dr Émile Godlewski, prof. à l'Acad. agronomique.
  Dr Ad. Prazmowski, docent de bot. à l'acad. agron. (*Bactéries*).

Lemberg ou **Léopol** (LEOPOLIS, Lwów en polon.).
 MM. Dr Th. Ciesielski, prof. de bot. à l'Univ., dir. du Jard. bot.
  Dr F. Kamienski, priv. docent de bot. à l'Univ., prof. à l'Institut
  technique.
  S. Gryglewicz, dir. adj. du Jard. bot.
  Siméon Trusz, assist. au Jard. bot.
  . . . . . jard. en chef du Jard. bot.

ISTRIE ET LITTORAL.

Trieste (TERGESTE, TRIEST en all.).
MM. Raimondo Tominz, dir. du jard. bot.
J. Bendix, jard. en chef du jard. bot.
Dr Ch.de Marchesetti, directeur du Musée d'hist. nat.
Ferdinand Hauck, via Rosetti, 229 (*algologie*).
Dr Bilimek, dir. du Musée à Miramare.
Kammerer, professeur.
Dr R. Solla, Via muda vecchia 10.

Görz ou **Goritz**. (GORIZIA).
M. J. Bolle, dir. de la station bacologique et œnologique.

Nabresina.
M. Alph. Breindl.

Pola.
M. E. Neugebauer, professeur.

MORAVIE ET SILÉSIE (MÄHREN, SCHLESIEN).

Brünn (BRUNA, BRNO en slav.).
MM. G. Niessl de Meyendorf, prof. à l'École polytechn. (*mycologie*).
Ant. Tomaschek, prof. à l'École polytechu.
Al. Makowsky, prof. à l'École polytechn., Thalgasse, 25.
Dr Schmerz, professeur.
. . . , réd. des *Verhandlungen des naturforschenden Vereines in Brünn.*

Bielitz.
M. C. Kolbenheyer, professeur.

Eibenschütz.
M. A l. Schwoeder, directeur.

Znaim.
M. A l. Oborny (*flore de Znaim*).

SALZBURG.

Salzburg (SALISBURGUM).
M. Charles Hinterhuber, pharmacien.
Melle M. Eysn, Ernst Thunstr. 9 (*Fl. de Salzbourg et du Tyrol*).

STYRIE (STEIERMARK).

Gratz (Graecum ou Graetia; Gradec en slav.).
MM. H. Leitgeb, prof. ord. de bot. à l'Univ., dir. du Jard. bot.
Dr Const. von Ettingshausen, prof. ord. de bot. à l'Univ. (*Paléontologie*).
Dr G. Haberlandt, prof. suppléant de bot. à la k.k. technische Hochschule.
Dr V. von Ebner, prof. à l'Université.
Dr von Schroff, prof. ord. de pharmacognosie à l'Univ.
J. Petrasch, jard. en chef du Jard. bot.
Dr E. Heinricher, assist. a. d. Lehrkanzel für Bot.
F. Krasan, prof. au gymnase (*phaenologie*).

Cilli.
L. Kristof, prof. aux lycées des filles.

Marburg.
M. H. Goethe, dir. de l'École de pomol. et de viticulture.

Pettau.
M Glowacki, professeur.

TYROL.

Innsbruck (Oenipontum).
MM. D.ʳ Joh. Peyritsch, prof. de bot. à l'Univ., dir. du Jard. bot.
. . . . . jard. en chef du Jard. bot.
Comte Louis de Sarntheim (*coll. bot.*).
Dr Charl. Dalla Torre, professeur.
Sonklar von Innstetten, général en retraite, botaniste.
A. Winkler, pharmacien.

Bozen.
MM. Kravogl, professeur.
Dr Sauter, fils, médecin.
Karl Grimus, Ritter von Grimburg, professeur.

Hall.
Le Père J. Gremblich, professeur.
M. le Baron L. de Hohenbühel (Heufler) à Altenzoll, près de Hall.

Lienz.
MM. Gander, collecteur de Mousses, Hépatiques et Lichens.
Thomas Pichler, collect. pour M. Boissier, etc. (*voyage en Perse*).

Magras, près de Malé, *Trentin.*
M. l'Abbé J. Bresadola (*Mycologie*).

Méran.
MM. Dr Tappeiner, médecin.
J. Prucha, jard. du Parc.
Père Treuinfels, professeur (*Cirsium*).

Rattenberg.
M. J. Woynar, pharmacien (*Flore du Tyrol*).

Roveredo.
M. Dr R. de Cobelli (*mycologie*).

Schwaz.
M. J. von Schmuck, pharmacien.

Sterzing.
M. Rupert Huter, curé (*coll. bot.*).

Trente (TRIDENTUM, TRIENT en all., TRENTO en ital.).
MM. Fr. Ambrosi, dir. du Musée.
Dr G. Venturi, avocat (*bryologie*).
Comte Michalel de Sardagna.
Gelmi Enrico (*Coll. bot.*).

VORARLBERG.

Feldkirch.
M. Hugo Schoenack, professeur.

TRANSLEITHANIE.

HONGRIE, MAGYARORSZÁG (en hongr.), UNGARN (en allem.), PANNONIA,
HUNGARIA (en latin) et TRANSYLVANIE, ERDÉLYORSZÁG (en hongr.),
SIEBENBÜRGEN (en allem.), DACIA, TRANSILVANIA (en latin).

Budapest. (BUDAPESTUM).
Université :
MM. Dr L. Jurányi, prof. ord. de bot. à l'Univ., dir du Jard. bot.,
membre de l'Académie.
Alex. Dietz, assist. à la chaire de bot. à l'Univ.
Jos. Fekete, jard. en chef du Jard. bot.

Musée national de Hongrie :
MM. F. de Pulszky, directeur.
     V. de Janka, conserv. de la sect. bot. et à St Gotthard, près de Szamos-Ujvár, en Transylvanie.

École polytechnique :
M. Jul. Klein, prof. de bot.

Botanistes :
MM. Dr V. de Borbás, priv. doc. à l'Univ., professeur à la Realschule, Dessewffy-Gasse, 3. (*coll. bot.*)
    H. Lojka, professeur à l'École des filles, Josefsplatz 10, III, n. 17. (*Lichenes regni Hungarici exsiccata*).
    Louis Richter, Maria-Valeria Gasse, 1. (*Echanges*).
    Dr M. Staub, prof. à l'Ecole norm. (*Phénologie et Paléont. vég.*), Tabakgasse, 27.
    Prof. Jos Schuch, Rákosgrabengasse, 14.
    V. Szépligeti, prof., Hollundergasse, 21.
    Wenzel Steinitz, Elisabethplatz, 19.

Abelova, *Hongrie.*
M. P. Rell, pasteur (*coll. bot.*)

Alcsuth.
S. A. Imp. et Roy. l'archiduc Joseph.

Altenburg (UNG. ALTENBURG, MAGYAR ÓVÁR), *Hongrie.*
MM. G. Linhart, prof. de bot. à l'Acad. agric. (*Pathol. vég.*), Deininger, prof. de culture à l'Académie agric.
    Dr R. Ulbricht, prof. de chimie, chef de la stat. agron.
    Dr Kossutányi, prof. et agrégé à la stat. agron.

Arad, *Hongrie.*
M. Dr Ludw. Simkovics, prof. d'hist. nat. à la Realschule.

Eperjes, *Hongrie.*
M. Fr. Hazslinszky, prof., memb. de l'Acad. hongr.

Ercsin, *Hongrie.*
M. Dr J. Tauscher, physicien du Comitat (*coll. bot.*).

Gerla, *près Gyula, Hongrie.*
M. Pius Titius, ancien coll. des Algues adriatiques.

Gran (STRIGONIUM, ESZTERGOM), *Hongrie.*
M. Dr Al. Feichtinger, physicien du Comitat (*coll. bot.*).

Kalocsa, *Hongrie.*

>S. Em. le Cardinal Dr L. Haynald, archevêque de Kalocsa, memb. hon.
et présid. de la Commission des sciences nat. de l'Acad. hongr.
(*Fl. biblique, Herbier de Schott, Heuffel, Kotschy, Sodiro, etc.*) et
à Budapest.

>M. Ladisl. Menyhárth S. J. prof. au gymn. archiép.

Kolozsvár (CLAUDIOPOLIS, KLAUSENBURG), *Transylvanie.*

>MM. Dr Aug. Kanitz, prof., dir. du Jard. bot., conserv. gén. de la
sect. bot. du Musée trans., memb. de l'Acad. hongr., réd. du
Magyar Növénytani lapok (*Journ. bot. hongr.*).

>Dr Sam. Brassai, prof. de mathém. à l'Univ., memb. de l'Acad.
hongr., ancien dir. du Musée transylvanien.

>Dr J. Schaarschmidt, assist. de bot. (*Algues*).

>Lud. Walz, jard. en chef du Jard. bot.

>Dr Szaniszló, prof. à l'École agron. de Kolozsmonostor.

Langenthal, près Blasendorf, *Transylvanie.*

>M. Jos. Barth, pasteur (*coll. bot.*).

Losoncz, *Hongrie.*

>M. J. Kunszt (*coll. bot.*).

Maros-Vasarheiy, *Transylvanie.*

>M. Dr Ch. Demeter, prof. au Collège.

Nagy-Enyed, *Transylvanie.*

>M. J. de Csató, vicomte du Comitat Alba inf. (*coll. bot*).

Nagy-Kanizsa, *Hongrie.*

>M. De N, Ormándy, prof. au gymnase.

Nagy-Szeben (MAGNUM-CIBINIUM, HERMANNSTADT), *Transylvanie.*

>MM. D D. Popoviciu-Barcianu, instit. à l'Écol. pédag. théol. greco-
orient. (*Développ. des plantes.*)

Naszód, *Transylvanie.*

>M. Dr A. P. Alessi, proface gymnase.

Nemes-Podhragy près Vâg-Ujhely, *Hongrie.*

>M. Jos. Holuby, pasteur.

Nyitra, *Hongrie.*

>M. Jos. Kôcsuer, prof. au gymnase (*coll. bot.*).

O-Rodna, *Transylvanie.*
>   M. F. Porcius, ancien vice-capitaine (*Fl. des Carpathes orient.*)

Pancsova, *Hongrie.*
>   M. Dr C. Mika, prof. d'hist. nat. à la Realschule.

Poprad, *Hongrie.*
>   M. A. Scherfel, pharmacien (*coll. des pl. des Carpathes occid.*).

Prencov (Prencsfalu), *Hongrie.*
>   M. Andr. Kmeé, prêtre.

Pozsony (Pressburg), *Hongrie.*
>   M. J. A. Baumler, Durrmantthorg, 26.

Rahó, *Hongrie.*
>   M. Lud. Wagner (*coll. bot.*).

Ruszkabánya, *Hongrie.*
>   M. Vuchetich, prêtre (*coll. des pl. du Banat*).

Sáros Patak, *Hongrie.*
>   M. Professeur Johann Buza (*Pathologie végétale*).

Selmecbánya (*Schemnitz*). *Hongrie.*
>   *École forestière :*
>   MM. A. Fekete, prof. dir. du jard. bot. et cons. forest.
>   Ad. Renner, Assistant à l'Acad. forest.

Sepsi Sz. György, *Transylvanie.*
>   M. Dr Etienne Szász, prof. au gymnase (*Tératol. vég.*).

Szarvas, *Hongrie.*
>   M. Steph. Koren, prof. au lycée.

Szepes Olaszi, WALLENDROF, *Zips, Hongrie.*
>   M. C. Kalchbrenner, pasteur, memb. de l'Acad. hongr. (*mycologue*).

Torda, *Transylvanie.*
>   M. Gabr. Wolff, pharmacien (*coll. bot.*).

Tovarnok, près Nagy Tapolcsány.
>   M. Dr Jos. Pantocsek (*Fl. du Monténégro, Bosnie, Carp.*).

Uj Tàtrafüred, *Hongrie.*
>   M. Dr Nic. de Szontagh.

Croatie.

Agram (ZAGRABIA, ZAGRÉB).
MM. Dr Boguslav Jirus, prof. de bot. à l'Université.
L. de Farkas-Vukotinović, ancien député et memb. de l'Acad.
Slav. mér., dir. du Musée (*Flora croatica,Quercus,Hieracium*).
Dr Chevalier J. de Schlosser Klekovski, protomedicus et memb.
de l'Acad. Slav. mérid, (*Flora croatica*).
Luigi Rossi, lieutenant.

Fiume.
MM. Paul Matcovich, prof. au gymnase (*Flora fluminensis*).
Mich. Stossich, prof. au gymnase.
Untchjc, assist. à l'Académie maritime.

Confins militaires.

Vinkovce,
M. le capitaine Schulzer von Müggenburg (*mycologie*).

Bosnie.

Serajevo.
M. Dr J. Zoch, dir. de l'Ecole réal.

ROYAUME DE BELGIQUE (BELGIEN).

Bruxelles (BRUXELLA, BRUSSEL en flam., BRÜSSEL en all., BRUS-
SELS en angl.).

Jardin botanique de l'État :
MM. Fr. Crépin, directeur, membre de l'Académie, rue de l'Esplanade, 8.
   (*Fl. belge, Rosa*).
   J. E. Bommer, conservateur, rue de la Chancellerie, 18. (*Fougères*).
   El. Marchal, conservateur, rue Vonck, 43. (*Araliacées*).
   C. H. Delogne, aide-naturaliste.
   Théophile Durand, aide-naturaliste.
   L. Lubbers, chef des cultures, rue du Berger, 26-28, à Ixelles.

Académie royale des sciences, lettres et beaux-arts de Belgique :
Général J. B. J. Liagre, secrétaire-perpétuel.

Société royale de botanique de Belgique :
MM. Louis Piré, président (1881), rue Keyenveld, 111, à Ixelles.
   Fr. Crépin, secrétaire, rue de l'Esplanade, 8.
   L. Coomans, trésorier, rue du Poinçon, 62.

Université :
M. J. E. Bommer, prof. de botanique.

Musée scolaire de l'État :
M. André Devos, conservateur.

Ecole vétérinaire de Cureghem :
M. Norb. Gille, prof. de botanique.

Fédération des Sociétés d'horticulture de Belgique :
MM. Fr. de Cannart d'Hamale, président, à Malines.
   Ed. Morren, secrétaire et dir. du *Bulletin de la Fédération*,
   Boverie 1, Liége.

Société royale Linnéenne :
MM. F. Muller, président, rue du Beau Site, 23, Quartier Louise.
Louis Piré, prof. de bot., réd. du *Bulletin de la Société Linnéenne*,
rue Keyenveld, 111, à Ixelles.

Société belge de microscopie :
M. Léo Errera, doct. en sc. nat., secrétaire, rue Royale, 6 A.

Jardin royal de Laeken, près Bruxelles :
M. Ingelrelst, jardinier en chef.

Botanistes :
Mmes E. Bommer, rue de la Chancellerie, 8 (*Champignons*).
E. Rousseau, 59, rue du Conseil (*Champignons*).
M. Dr A. Gravis, rue de Naples, 22.

Alost (AALST, en flam.)
M. P. G. V. Demoor (*Agrostographie*).

Anvers (ANTVERPIA en lat., ANTWERPEN en flam. et en all.
ANTWERP en angl.).
MM. Dr H. Van Heurck, prof. de bot. et dir. du Jard. bot. (*coll. bot.*).
rue de la Santé, 8.
H. Sebus, jard. en chef du Jard. bot.

Gand (GANDAVUM, GENT en flam. et en all.; GHENT en angl.).
MM. Dr J. J. Kickx, prof. de bot. à l'Université, dir. du Jard. bot. et
de l'École d'hort., rue St-Georges, 28.
Jules Mac Léod, préparateur à l'Université (*Pollinisation*).
H. J. Van Hulle, jard. en chef du Jard. bot.
J. Linden, dir. de *l'Illustration horticole*, rue du Chaume.
L. Van Houtte, éditeur de la *Flore des Serres*, à Gentbrugge.
Ed. Pynaert, dir. de la *Revue de l'hort. belge*, 142, rue de Bruxelles.
Em. Rodigas, secrét. du Cercle d'arbor. de Belg. et réd. du
Bulletin d'arboriculture.
Dr Jules Morel (*coll. de matière méd.*).
Crispo, dir. de la station agronomique.

Gembloux *prov. de Namur.*
MM. Dr Const. Malaise, membre de l'Académie, prof. d'hist. nat. e
dir. du Jard. bot. à l'Institut agricole.
Dr A. Petermann, dir. de la station agronomique.

Jodoigne, *prov. de Brabant.*
M. Alfr. Cogniaux, prof. à l'école moyenne (*Cucurbitacées*).

Liége (LEODIUM, LUIK en flam., LÜTTICH en all.).

    MM. Dr Ed. Morren, prof. de bot. à l'Univ., dir. du Jard. bot., membre de l'Académie, réd. de la *Belgique horticole*, Boverie, 1,

    J. J. Maréchal, jard. en chef du Jard. bot.

    Dr Alf. Gilkinet, prof. de pharmacie à l'Univ. (*Paléontologie*).

    Dr Ern. Candèze, secrétaire-gén. de la Société royale des sciences, membre de l'Académie, Glain-lez-Liége.

    Fr. Wiot, directeur de l'établissement Jacob-Makoy et Cie (*Plantes exotiques*).

Louette-St-Pierre, *prov. de Namur.*

    M. Fr. Gravet (*bryologie*).

Louvain (LOVANIUM, LEUVEN en flam., LÖWEN en all.).

    MM. Dr Ed. Martens, prof. de bot. à l'Univ., rue Marie-Thérèse, 27,

    Abbé Dr J. B. Carnoy, prof. de bot. à l'Univ., Marché aux Grains.

    J. F. Giele, chef de culture du Jard. bot., Voer des Capucins.

    E. Pâques, S. J., rue des Récollets, 11 (*Flore belge*).

    Ch. Baguet, receveur de l'Univ., rue des Joyeuses Entrées (*Fl. belge*).

Malines (MECHLINIA, MECHELEN en flam.), *prov. d'Anvers.*

    MM. Fr. de Cannart d'Hamale, présid. du Jard. bot.

    . . . . . jard. en chef du Jard. bot.

    Edm. Van Segvelt (*Galles*).

Melle lez Gand,

    M. Bernardin, conserv. du Musée commercial à l'Institut (*Technol. vég.*),

Mons (MONTES, BERGEN en flam.).

    MM. le Comte Oswald de Kerchove de Denterghem, gouv. de la prov. de Hainaut (*Palmiers*).

    P. E. Puydt, présid. de la Soc. des sciences (*Bot. hort.*).

Namur (NAMURCUM, NAMEN en flam.).

    MM. l'abbé Chr. Schmitz, S. J., prof. d'hist. nat. au collège de la Paix.

    J. Chalon, docteur en sciences nat., à St-Servais lez Namur.

Saint-Trond (SINT-TRUIDEN, en flam.).

    M. le Chanoine Van den Born, prof. à l'école normale (*Fl. du Limbourg*).

Paifve, près Glons, *prov. de Liège.*
M. l'Abbé Ch. Strail, curé *(Mentha)*.

Verviers, *prov. de Liége.*
MM. Dr Lambotte place du Martyr, *(mycologie)*,
Ch. Grün, pont St Laurent, *(Fl. locale)*,
Em. Gens, doct. en sc. nat., prof. à l'Ec. norm. *(Cryptogamie)*.
H. Fonsny, doct. en sc. nat., prof. à l'Ec. profess.

Vilvorde, *prov. de Brabant.*
MM Laurent., prof. de bot. à l'Ec. d'hort. de l'Etat.
L. Gillekens, dir. de l'Ec. d'hort. de l'Etat.

Waremme, *prov. de Liége.*
M. le Baron Edm. de Sélys Longchamps, président du Sénat, membre de l'Acad. Roy. de Belgique *(Dendrologie, etc.)*.

Wavre, *prov. de Brabant.*
M. J. Lecoyer, instituteur à l'éc. moy. *(Thalictrum)*.

ROYAUME DE DANEMARK.

Copenhague (Haunia, Kjöbenhavn, Kopenhagen), *Sjaelland.*
Académie royale des sciences :
    MM. Dr Johan Lange, prof. de bot., édit. de la *Flora Danica*, Thorvald-
        sens Vey, 5. V.
        Dr Eug. Warming, prof. de bot. à l'Université, Rosenvaengets
          Hovedvej, 19. O.

Université :
    MM. F. Didrichsen, prof. de bot., préfet du Jard. bot.
        Dr Eug. Warming, prof. de bot.
        Rasmus Pedersen, prof. de bot., Klärkegade, 9, (*Physiologie*),
        H. Kjaerskou, conserv. du Musée bot. et de l'Herbier.
        Th. Friedrichsen, jard. en chef du Jard. bot.
        Samsœ Lund, aide-botaniste au Jard. bot.
        O. G. Petersen, aide-botaniste au Musée de bot.
        V. A. Poulsen, assist. au labor. d'anatomie. Rosenvängets Ho-
          vedvej, 29, O.

École polytechnique :
    . . . . . .   prof. de bot.

Laboratoire « Carlsberg » :
    MM. Dr Emile Chr. Hansen, chef du laboratoire botanique
        (*Physiologie et Mycologie*).
        Knudsen, assistant.
        Kjeldahl, chef du labor. chimiq.
        W. Johannsen, assist. au labor chimiq.

Académie royale d'agriculture et d'horticulture :
    MM. Dr Johan Lange, prof. de bot.
        Carl Hansen, prof. d'horticulture et chef du Jardin.
        L. Helveg, aide-botan. et sous-jardinier.

Jardin royal de Rosenborg :

M. Tyge Rothe, directeur, memb. de la direction du *Kongeligl Danske Haveselskab*.

Société d'histoire naturelle (Naturhistorisk Forening) :

MM. Jap. Steenstrup, prof. de zool. à l'Univ., président.

F. Johstrup. prof. de minéral. et de géol. à l'Univ.

Chr. Grönlund, botaniste, Monrads Vej, V.

Dr Lütken, réd. du *Videnskabelige Meddelelser*, Johanne Vej. 10, V.

Société botanique (Botanisk Forening) :

MM. Dr Johan Lange, président.

Dr Eug. Warming, vice-président.

Petit, Dr méd., secrétaire.

H. Kjaerskou, réd. du *Botanisk Tidsskrift*.

S. Rützoù, archiviste.

Joh. Boysen, caissier.

Botanistes :

MM. J. L. A. Kolderup Rosenvinge, Fiolsträde, 8 (*Algues*).

S. Rützou, cand. pharm., Nörregade. 20.

Dr Ch. Jul. Salomonsen, médecin, Gammelstrand, (*Bactéries*).

Jenssen-Tusch, colonel, Frederiksberg, (*Nomencl. popul.*).

Möller-Holst, dir. du Frökontrolanstalt, Frederiksberg Allée, 15.

Alfred Jörgensen, (*Anatomie*).

Theodor Holm, Frederiksborggade, 52, (*Echanges*).

H. Flindt, insp. des jard. roy., à Frederiksberg.

Dr P. E. Müller, prof. à l'École supér. d'agriculture (*fl. forestière*).

Hvalsö, *Sjaelland.*

M. C. Jensen, pharmacien.

Jonstrup, près Ballerup (*Sjaelland*).

M. H. Mortensen, prof. au séminaire (*échanges*).

Örslöv, près Skjelskör (*Sjaelland*).

M. P. Nielsen, instituteur (*Characées, Champignons parasites*).

Skaarup, près Nyborg (*Fyen*).

M. E. Rostrup, prof. au séminaire (*Fl. danoise, Cryptogames*).

Sneptrup, *près Skanderborg, Aarhuus, Jylland.*

M. Deichmann-Branth, pasteur (*Lichens*).

ROYAUME D'ESPAGNE (HISPANIA ESPAÑA.)

Madrid (Mantua Carpetanorum, Matritum), *Nouvelle-Castille.*
Muséum des sciences naturelles :
    MM. Dr Miguel Colmeiro, prof. de bot., doyen de la fac. des sciences,
        dir. du Jard. bot.
        Dr Pedro Sainz-Gutierrez, prof. d'organ. et de phys. vég.
        Tomás Andrés y Tubilla, aide-natur. de botanique, Santa Clara, 3.
        Francisco Alea, jard. en chef de l'École de bot., cons. des graines.
        Louis Vié, jard. en chef des serres.

Faculté des sciences :
    M. Dr Antonio Orio, prof. de bot. et de minér.

Faculté de médecine :
    M. Dr Francisco Xavier de Castro, prof. de thérap. et de mat. méd.

Faculté de pharmacie :
    M. Dr Pedro Lietget, prof. de mat. pharm. végét.

École générale d'agriculture :
    MM. Pablo Gonzalèz de la Peña, directeur.
        Zoilo Espejo, ancien dir. du Jard. bot. de Manille.
        Eugenio Prieto Moreno, prof. de culture.
        Casildo Azcarate, prof. de pathol. végét.
        Juan Francisco Cortès, aide de culture.
        Mariano Gonzalèz, jardinier.

École forestière (Escurial) :
    M. Maximo Laguna, direct. de la Commission de la flore forestière.

Société Linnéenne de Madrid :
    MM. J. R. Gomez Pamo, docteur en pharmacie, Santa Isabel., 5,
        président (1881).
        Tomás Andrés y Tubilla, secrétaire.

Botanistes :
MM. Salvador Calderon, prof. à l'Institut libre.
Le Comte de Torrepando.
Blás Lázaro é Ibiza, licencié en pharm., Embajadores, 50.

Albarracin, *Aragon*.
M. le Père Bernardo Zapater (*coll. de pl.*).

Aranda del Conde, *Aragon*.
M. Salvador Calavia, pharmacien.

Barcelone (BARCINO, BARCELONA), *Catalogne*.
MM. Dr José Planellas-Giralt, prof. d'hist. nat, dir. du Jard. bot.
Dr Antoine Cipriano Costa, prof. émérite de bot.
Dr Narciso Carbó, prof. de thérap. et de mat. méd. à la fac. de médecine.
Dr Antonio Sanchez-Comendador, prof. de mat. pharm. vég. à la fac. de pharm.
Dr Juan Texidor, prof. de la pratiq. de classif. des pl. et prod. vég. à la faculté de pharm.
Dr Federico Tremols, prof. à la fac. de pharmacie.
Dr Fructuoso Plans,   „   „   „   „
Juan Montserrat, licencié de la faculté de médecine.
Juan Puiggari, médecin.
Antonio Chaves, jard. en chef du Jard. bot.

Cadix (GADES, CADIZ), *Andalousie*.
MM. Dr Juan Bapt. Chape, prof. d'hist. nat.
Francisco Ghersi, jard. en chef, dir. de la *Revista horticola Andaluza*.

Caparroso, *Navarre*.
M. Juan Ruiz Casaviella, pharmacien.

Castelserás, *Aragon*.
M. Franscisco Loscos, pharmacien.

Ciudad Real, *Nouvelle-Castille*.
M. Manuel Compaño, chef du district forestier (*coll. de pl.*).

Grenade (GRANATA, GRANADA), *Andalousie*.
MM. Serafin Sanz, prof. d'hist. nat., dir. du Jard. bot.
Dr Mariano del Amo, doyen de la fac. de pharm.

Guadalajara *Nouvelle-Castille*.
M. Francisco Fernandez Iparraguirre, pharm. (*coll. bot., échanges*)

Jerez de la Frontera. *Andalousie.*

    M. José Perez Lara, alcade constitutionel (*fl. de la prov. de Cadix.*)

Logroño, *Vieille-Castille.*

    M. Ildefonso Zubia, prof. d'hist nat. à l'Instituto.

Lorca (ILORCI), *Murcie.*

    M. Francisco Cànovas, prof. d'hist. nat. à l'Instituto.

Mahon (MAGO), *Ile Minorque.*

    M. Juan Rodriguez y Femenias, calle de la Libertad, 48.

Malaga, *Andalousie.*

    M. Dr Pablo Prolongo, pharmacien.

Navarte, *Navarre.*

    M. le Père José Maria de Lacroizqueta.

Palma, *Ile Majorque.*

    M. Francisco Barceló y Combis, prof. de phys. à l'Instituto Balear.

Sagaro, *prov. de Genora, Catalogne.*

    M. Estanislao Vayreda, pharmacien.

Santiago (St-JACQUES DE COMPOSTELLE), *Galice.*

    M. Dr Vicente Gonzalez y Canales, prof. d'hist. nat., dir. du Jard.
       bot.

Saragosse (CAESAR-AUGUSTA, ZARAGOZA). *Aragon.*

    M. . . . . prof. d'hist. nat. à l'Université.

Séville (HISPALIS, SEVILLA), *Andalousie.*

    MM. Dr Antonio Machado, prof. d'hist. nat., dir. du Jard. bot.
       Dr Francisco S. de Cáceres, aide-naturaliste.

Valence (VALENTIA, VALENCIA), *Valence.*

    MM. Dr José Arévalo y Baca, prof. de bot. et dir. du Jard. bot.
       Fernando Boscá, aide-botaniste.
       Blas Valero, jard. en chef du Jard. bot.

Valladolid (PINTIA), *Vieille-Castille.*

    MM. Dr Pascual Pastor, prof. d'hist. nat., dir. du Jard. bot., rue
       St-Michel, 12.
       Dr Luis Perez-Minguez, prof. d'hist. nat.

RÉPUBLIQUE FRANÇAISE (GALLIA).

Paris (Lutetia, Parisii).

Muséum d'histoire naturelle :

MM. Joseph Decaisne, prof. de culture, dir. des *Annales des sciences natur.*, rue Cuvier, 27.

Edouard Bureau, prof. de bot. (*Classif. et fam. nat.*), quai de Béthune, 24.

Ph. Van Tieghem, prof. de bot. (*Morphol., Anat. et Cryptog.*), rue de l'Odéon, 20.

Georges Ville, prof. de physique végétale, rue de Buffon, 59.

Dr P. P. Dehérain, prof. de physiologie végétale, dir. des *Annales agronomiques.*

Dr Maxime Cornu, aide-naturaliste de bot., rue des Boulangers, 30.

Jules Poisson, aide-naturaliste de botanique, rue Buffon, 63 et avenue de Thiais, 16, à Thiais (Seine).

Dr B. Renault, aide-naturaliste de paléontologie végétale, rue de la Collégiale, 1.

Dr Jules Vesque, aide-naturaliste.

Bertholet, prépar. attaché au labor. de bot. (Classif. et Famil. nat.).

Ollivier, doct. ès sc. nat., prépar. attaché au labor. de bot. (*Organogr. et Physiol. vég.*).

Désiré Bois, prépar. de bot., rue Cuvier, 57.

Hérincq, conservateur des galeries de botanique, rue Cuvier, 57.

Dr Edmond Bonnet, préparateur de botanique, rue Geoffroy St-Hilaire, 34.

H. Moissan, attaché au labor. de culture.

G. Capus, attaché au labor. de culture, rue de Buffon, 53.

Maquenne, attaché au labor. de physiol. végét., rue de Buffon, 63

Albert Gouault, jard. en chef, rue Cuvier, 57.

R. Houllet, chef des serres, rue Cuvier, 57.

B. Verlot, chef de l'école de botanique, rue Cuvier, 57.

Vauvel, chef des pépinières.

Duval, chef de laboratoire des graines.

Académie des sciences (Quai Conti, 23) :

MM. Dumas, secrétaire perpétuel, rue Sᵗ-Dominique, 69.

A. Chatin, membre de l'Institut, 4, Avenue de l'Observatoire.

Dr Ern. Cosson, membre de l'Institut, rue de la Boëtie, 7, et à Thurelles, par Fontenay-sur-Loing (Loiret).

Jos. Decaisne, membre de l'Institut, rue Cuvier, 27.

P. Duchartre, membre de l'Institut, rue de Grenelle, 84.

Ch. Naudin, membre de l'Institut, dir. du labor. de l'enseign. sup., à la villa Thuret, Antibes (Var).

Trécul, membre de l'Institut, hôtel de Londres, rue Linné.

L. R. Tulasne, membre de l'Institut, à Hyères.

Ph. van Tieghem, membre de l'Institut, rue de l'Odéon, 20.

Faculté des sciences :

MM. P. Duchartre, prof. de bot., rue de Grenelle, 84.

Henri Duchartre, répétiteur de botanique.

Faguet, préparateur du cours, rue des Boulangers, 22.

Faculté de médecine (Place de l'École de médecine.; Jardin, rue Cuvier, 12).

MM. Dr H. Baillon, prof. d'hist. nat. méd., dir. du Jard. de bot. méd. et réd. de l'*Adansonia*, rue Cuvier, 12.

Dr de Lanessan, prof. agrégé, rue des Halles, 13, dir. de la *Revue internation. des sciences.*

Dr Jules de Seynes, prof. libre agrégé, rue de Varennes, 63 et au château de Calviac, près Lassalle (Gard).

Dr Mussat, aide au cours, boulevard St-Germain, 11.

Aug. Faguet, chef des travaux pratiq. d'hist. naturelle.

Alphée B. de Montgazon, prépar. adjoint.

Louis Eugène Durand, préparateur-adjoint de botanique.

Gustave André, préparateur-adjoint de botanique.

Florentin, jardinier du Jard. de bot. médicale.

École supérieure de pharmacie.

MM. Ad. Chatin, dir., prof. de bot., membre de l'Institut, Avenue de l'Observatoire, 4.

Gustave Planchon, prof., boul. Sᵗ-Michel, 139.

Dr Léon Marchand, prof. agrégé, chargé du cours de bot. cryptog., à Thiais, par Choisy (Seine).

Joannès Chatin, agrégé d'hist. nat., boulevard Sᵗ-Germain, 128.

H. Moissan, maître de conférences.

R. Gérard, doct. ès sciences, maître de conférences.

L. Drevault, jard. en chef, Avenue de l'Observatoire, 4.

École normale supérieure :
  M. Dr Gaston Bonnier, maître de confér., rue d'Ulm.

École centrale des arts et manufactures :
  M. Dr Edouard Prillieux, prof. de bot., rue Cambacérès, 14.

Institut national agronomique :
  MM. Boussingault, dir. des laboratoires de recherches.
      Edouard Prillieux, prof. de bot., rue Cambacérès, 14.
      Du Breuil, prof. d'hort., d'arbor. et de viticulture.
      Tisserand, inspect.-gén. de l'agric., rue du Cirque, 17.
      Risler, dir. de l'Institut national agronomique.

Université catholique :
  M. Dr Ed. Tison, prof. de botanique, rue des Missions, 31.

Societé botanique de France (rue de Grenelle, 84) :
      Ph. Van Tieghem, président (1881),
      E. Malinvaud, secrétaire (1881), rue Linné, 8.
      Ed. André, rue Blanche, 49.
      Em. Bescherelle, rue de Sèvres, 45, à Clamart (Seine).
      Dr Ed. Bornet, quai de la Tournelle, 27.
      Abbé T. Chaboisseau, rue de Grenelle, 84 et à Gières, par Grenoble.
      Dr Ernest Cosson, rue la Boëtie, 7.
      De Tchihatchef, rue St-Honoré.
      Em. Duvergier de Hauranne, rue de Tivoli, 5.
      Ch. Fermond, pharmacien en chef de la Salpêtrière, rue Pas-
          quier, 28.
      Dr Eug. Fournier, rue Neuve-St-Augustin, 10 et rue La Fontaine
          84, à Auteuil.
      Eug. Gaudefroy, rue d'Aboukir, 13.
      E. Germain de Saint-Pierre, rue de Vaugirard, 22 ou au château
          de Bessay, par Chantenay-St-Imbert (Nièvre).
      Ad. Larcher, rue Claude Bernard, 82.
      P. Marès, docteur en médecine, boulev. St-Michel, 91.
      Emile Mer, garde-général des forêts, Avenue Duquesne, 1.
      W. Nylander, Passage des Thermopyles, 61, (*lichénologue*).
      Paul Petit, rue des Quatre Vents, 16 (*Diatomacées*).
      A. Ramond, rue du Cardinal Lemoine, 1.
      Georges Rouy, dir. du comptoir parisien d'échanges de plantes,
          22, passage Saulnier.
      Ernest Roze, rue Claude Bernard. 72.
      J. Triana, rue de Rennes, 105.
      H. Vilmorin, boulev. St-Germain, 149.

Société Linnéenne de Paris :
MM. Dr H. Baillon, président.
     Dr Em. Mussat, secrétaire.

Société centrale d'horticulture de France (rue de Grenelle, 84) :
MM. Alph. Lavallée, président, rue Penthièvre, 6, et au château de
     Segrez, par Boissy-sous-Saint-Yon (Seine-et-Oise).
     Duvivier, secrétaire-général, rue de Grenelle, 84.
     P. Duchartre, réd. du *Journal de la Société.*

Société nationale d'agriculture de France (18, Rue de Bellechasse) :
M. J. A. Barral, secrétaire-perpétuel.

Société géologique de France :
M. Zeiller, ingénieur des mines, rue de Rennes, 43 *(paléontologie*
     végétale).

Société d'acclimatation (rue de Lille, 19) :
MM. le Comte d'Eprémesnil, vice-président, 21, avenue Friedland.
     Jules Grisard, agent général.

Jardin zoologique d'acclimatation (Bois de Boulogne) :
MM. A. Geoffroy St-Hilaire, directeur, porte des Sablons, à Neuilly-
     sur-Seine.
     St-Yves Ménard, sous-directeur.
     Patry, jardinier en chef.

Jardin de Luxembourg :
M. Jolibois, jardinier en chef, boulevard St-Michel, 64.

Observatoire météorologique de Montsouris, près de Paris :
MM. Marié-Davy, directeur.
     P. Miquel, chef du service micrographique.

Musée des Colonies françaises :
MM. de Nozeilles, conservateur.
     Dr Harmand, sous-conservateur.

Institut des provinces de France :
M. Druilliet-Lafargue, secrét. perpétuel, 28, rue St-Benoît.

Association franç. pour l'avancement des sciences (rue de Rennes, 76).
M. Gariel, secrétaire du Conseil.

Revues scientifiques :

MM. Ch. Richet, prof. agrégé à la fac. de médecine, 5, rue Bonaparte, dir. de la *Revue scientifique*, 108, boulevard St-Germain.

E. A. Carrière, réd. en chef de la *Revue horticole*, 140, rue de Vincennes, à Montreuil-sous-Bois (Seine).

Dr J. L. de Lanessan, rédact. de la *Revue internation. des sciences*, 31, rue des Halles.

Em. Deyrolle, dir. du journal *le Naturaliste*, 23, rue de la Monnaie.

Adr. Dolfus, dir. de la *Feuille des jeunes naturalistes*, 55, rue Pierre Charron.

G. Huberson, réd. de la *Brébissonia*, rne Laromiguière, 2.

Dr J. Pelletan, dir. du *Journal de micrographie*, 34, boulev. des Batignolles.

Gaston Tissandier, réd. en chef de la *Nature*, 3, rue Neuve des Mathurins.

Aix (AQUAE SEXTIAE), *Bouches-du-Rhône.*

MM. le comte Gaston de Saporta, corresp. de l'Institut (*paléontologiste*).

Philibert, prof. à la faculté des lettres *(Mousses)*.

Albertville, *Savoie.*

M. Baron E. Perrier de la Bâthie, prof, d'agric. à l'Ecole norm. (*Pl. de la Savoie*).

Alençon, *Orne.*

MM. Paul Alexandre, rue de l'Écusson (*mycologue*).

C. C. Gillet, 23, rue de l'Adoration (*mycologue*).

Alfort, *Seine.*

MM. Magne, dir. de l'école vétérinaire.

A. Chargueraud, jard. en chef du Jard. bot.

Ampus, près Draguignan, *Var.*

M. Albert, instituteur.

Angers (ANDEGAVUM, JULIOMAGUS), *Maine-et-Loire.*

MM. Dr Em. Lieutaud, dir. du Jardin des plantes et prof. à l'École de médecine, boulevard des Lices, 19.

Jolibois, jard. en chef.

Dr. Alfred Dezanneau, prof. à l'école de médecine et à St-Pierre-Hontlimart, par Montrevault (Maine-et-Loire).

Aimé de Soland, rue de l'Hôpital.

l'Abbé Félix Ch. Hy, prof. de bot. à l'Univ. catholique.

MM. l'Abbé J. René Ravain, prof. de phys. à l'Univ. catholique, rue
Baudrière, 71.
l'Abbé Gadin, conserv. des coll. bot.
A. De la Devansaye (*Palmiers*).
Bouvet, pharmacien.

Annecy, (Annecium), *Haute-Savoie*.
M. Louis Revon, conservateur du Musée, etc.

Antibes, *Var*.
M. Ch. Naudin, dir. du labor. de l'enseign. sup. à la villa Thuret.

Arnas, *Rhône*.
M. Michel Gandoger.

Arras (Atrebatum), *Pas-de-Calais*.
M. Pagnoul, dir. de la station agron.

Aulnay, *Charente inférieure*.
M. Giraudias.

Autun (Augustodunum), *Saône-et-Loire*.
MM. Dr Xavier Gillot, rue de la Halle-au-Blé, 4 (collecteur botaniste).
Capitaine Lucand (*mycologue*), rue St-Christophe, 6.

Avignon, *Vaucluse*.
M. Télesphore, professeur.

Bazoches au Houlme, *Orne*.
M. l'abbé H. Olivier, vicaire (*lichénologue*).

Belfort, *Haute-Saône*.
M. l'abbé Georges Hirn, prof. à Lachapelle sous Rougemont, près
Belfort.

Besançon (Vesontio), *Doubs*.
MM. . . . . direct. du Jardin bot.
Gaston Moquin-Tandon, prof. de bot. à la fac. des sciences.

Beziers (Britterae), *Hérault*.
MM. Sabatier-Desarnauds, présid. de la Soc. d'étud. des sc. natur. de
Bordeaux.
V. Chalon, memb. de la Soc. d'étud. des sc. nat. de Bordeaux.

Bollène, *Vaucluse*.
M. L. Reverchon (*Herbiers*).

deaux (Burdigala), *Gironde.*

MM. A. Millardet, prof, à la faculté des sc., 128, rue Bertrand-de-Goth.
Dr Alex. Guilland, prof. d'hist. nat. à l'école de médecine et de pharmacie.
Arm. Clavaud, professeur du cours municipal de botanique.
J. Comme, sous-directeur du Jard. bot.
A. Caille, jard. en chef du Jardin botanique.
Serré-Guino, secrét.-gén. de la Soc. des sc. phys. et nat.
. . . . . présid. de la Société Linnéenne.
Degrange-Touzin, sec.-gén. de la Soc. Linnéenne, Hôtel de la biblioth. de la ville, rue Jean-Jacques-Bel. 2.
Léonce Motelay, archiviste de la Société Linnéenne, cour de Gourgues, 4.

Bourges, *Cher.*

M. Antoine Le Grand, agent-voyer en chef du Cher.

Brest (Brivates), *Finistère.*

MM. J. Blanchard, jard. en chef du Jard. bot. de la Marine.
Ch. Thiébaut, lieutenant de vaisseau, rue Traverse, 53.

Brie-Comte-Robert, *Seine-et-Marne.*

M. Camille Bernardin, rédact. du *Journal de Roses.*

Broût-Vernet, *Allier.*

M. le comte Fr. du Buysson, au château du Vernet.

Bruyères, *Vosges.*

M. Ant. Mougeot, docteur en médecine.

Caen (Cadomum), *Calvados.*

MM. Eugène Vicillard, direct. du Jard. bot., rue St-Jean, 245.
J. Morière, prof. de bot. à la fac. des sciences, rue de Bayeux, 38.
Isidore Pierre, prof. à la fac. des sc. et dir de la stat. agron.
Eudes-Deslongchamps, prof. à la faculté, dir. du laboratoire maritime de Luc-sur-Mer.
Augis, chef de culture au Jard. bot.
Abbé V. Guiard, rue de Bayeux, 26 et au château de Comacre par Sainte-Maure-de Touraine (Indre-et-Loire).

Cahan, *par Athis, Orne.*

M. Th. Husnot, maire, réd. de la *Revue bryologique.*

Cannes, *Alpes-Maritimes.*

MM. J. Heilman, conserv. du Musée.

MM. le Comte d'Eprémesnil, dir. du Jard. d'acclim.
Chevrier, jard. en chef   „   „

Cette, *Hérault.*
M. Nap. Doûmet-Adanson, présid. de la Soc. d'hortic. et d'hist.
nat. de l'Hérault.

Châlons-sur-Marne, *Marne.*
M. Juglar, propriétaire.

Chamounix, *Haute-Savoie.*
M. Vén. Payot, memb. de la Soc. bot. de France.

Champagney, *Haute-Saône.*
M. Vendrely, pharmacien.

Chateauroux, (Rudolphi Castrum), *Indre.*
M. Guenon, dir. de la station agron.

Chatillon-sur-Seine, *Côte d'Or.*
M. Louis Cailletet, corresp. de l'Institut.

Chesne, *Ardennes.*
M. A. Callay, pharmacien.

Cherbourg (Caesaris Burgus), *Manche.*
M. Dr A. Le Jolis, arch. perp. de la Soc. nation. des sc. nat.

Chinon, *Indre-et-Loire.*
M. E. H. Tourlet, pharmacien.

Clermont-Ferrand (Augustonemetum, Arverna, Claro-
mons), *Puy-de-Dôme.*
MM. Martial Lamotte, prof. d'hist. nat. à l'École de méd., dir. du
Jardin des pl., rue de l'Éclache, 15.
Citerne, jard. en chef du Jardin des plantes.
A. Roujou, prof. de bot. à la faculté.
Truchot, dir. de la station agron.
Frère Héribaud, professeur.

Corte, *Corse.*
MM. Charles Burnouf, dir. du Collège Paoli.
P. Autommarchi, prof. au   „   „

Cour-Cheverny, *Loir-et-Cher.*
> M. A. Franchet, botaniste, au château de Cheverny ou 64, rue Monge, à Paris.

Dijon (DIVIO), *Côte-d'Or.*
> MM. Dr Laguesse, prof. de bot., dir. du Jardin des plantes.
> H. Emery, prof. de bot. à la fac. des sciences, rue Verrerie, 32.
> Dr Aug. Maillard, prof. à l'école de médecine, rue du Petit-Potet, 34.
> Dr P. A. Sagot, rue des Godrans, 30.
> J. B. Weber, jard. en chef du Jard. des pl.
> Ladrey, dir. de la station œnologique.
> Dr Alfred Viallanes, prof. à l'école de médecine.

Douai, *Nord.*
> MM. Ed. Delplanque, conserv. du Musée d'hist. nat.
> Ed. Gosselin, ingénieur, rue de Lille (*Fl. locale*).
> Baron Fréderic de Guerne, rue de Lewarde, 9 (*Fl. française*).

Epinal, *Vosges.*
> MM. Dr E. Berher.
> A. Harlant, avoué.

Fontainebleau, *Seine-et-Marne.*
> M. L. Neumann, jardinier en chef du château.

Gèdre, *par Luz, Hautes-Pyrénées.*
> M. Bordère, instituteur primaire, memb. de la Soc. bot. de France (*coll. bot.*).

Gières-Uriage *par Grenoble, Isère.*
> MM. l'abbé T. Chaboisseau.
> Acvet-Touvet (*Hieracium*).

Grand-Jouan, *Loire-Inférieure.*
> M. Saint-Gal, prof. de bot. et de sylvic. à l'école d'agric.

Grenoble (GRATIANOPOLIS), *Isère.*
> MM. Musset, chargé du cours de bot. à la faculté des sciences.
> J. B. Verlot, jard. en chef du Jardin des plantes.
> Lory, dir. de la station agron.
> Faure, dir. du Séminaire.

Grignon, *par Neauple-le-Château, Seine-et-Oise.*
> MM. Dr Emile Mussat, prof. de bot. appliq. à l'école d'agric., 11, boulev. St-Germain, à Paris.
> Mouillefert, prof. à l'école d'agric., place Monge, 3, à Paris.

Hérimont, *Doubs.*

M. Dr Quélet.

Hyères, *Var.*

M. Emlle Davrillon, dir. du Jard. d'acclim.

La Croix de Bléré, *Indre-et-Loire.*

M. Ed. André (*botanique horticole*).

La Haie-Fouacière, *Loire-Inférieure.*

M. Georges de l'Isle du Dréneuf, à la Ferronnière.

La Seyne, *Var.*

M. l'abbé Tholin.

La Tronche, près Grenoble, *Isère.*

M. Neyra.

Le Vigan, *Gard.*

MM. Dr Diomède Tuskiewitz.

L. Anthouard, avocat.

Lille (INSULA, RYSSEL en flam.), *Nord.*

MM. Dr Ch. Eug. Bertrand, prof. de bot. à la fac. des sc., dir. des
Archiv. bot. du Nord de la France, grande route de Béthune,
17, à Loos, près Lille.

Alfred Giard, prof. à la faculté des sciences, dir. du *Bulletin
scientifique du dép. du Nord*, 37, rue Colbert.

O. Lignier, préparateur du cours de bot. à la faculté des sciences
7, Place des Patiniers.

Jules de Guerne, préparateur à la faculté de médecine, dir. du
Bulletin scientifique, rue Solferino, 181.

V. Maurein, dir. du Jard. bot., rue de Gand, 30.

Boutmans, jard. en chef du Jard. bot.

Corenwinder, dir. de la station agronomique, 65, rue Solferino.

Dr Abbé Boulay, prof. de bot. à l'Univ. libre, rue de Boulogne, 5.

Dr R. Moniez, maître de conférencea à la fac. de méd. (*bot. méd.*).

Limoges (LEMOVICAE), *Haute-Vienne.*

M. Ed. Lamy de la Chapelle (*coll. bot.*), rue St-Esprit.

Louvercy, par Mourmelon, *Marne.*

M. Jules Remy, ancien voyageur du Muséum.

Lyon (LUGDUNUM), *Rhône.*

MM. G. Dutailly, prof. à la fac. des sc., dir. du Jard. bot., au parc
de la Tête d'Or, rue Gentil, 27.

MM. Dr Louis Lortet, prof. d'hist. nat. à l'Ecole de médecine, quai
de la Guillotière, 1.

Dr Cauvet, prof. de mat. méd. et de pharmacie à la faculté
de médecine.

Cusin, prof. de bot. à l'Institut expérimental agricole du Rhône,
à Ecully-lez-Lyon.

Th. Denis, jard. en chef du Jard. bot. du parc de la Tête-d'Or

Thierry, jard. en chef de l'Institut expér. agric. du Rhône, réd.
des *Annales de l'Inst. expér. agric. du Rhône*, à Ecully-
lez-Lyon.

Dr Guillaud, présid. de la Soc. bot. (1880) (Palais des beaux-
arts, Place des Terreaux).

Dr Laint-Lager, cour de Brosses, 8 (*Géogr. bot.*).

Dr Ant. Magnin, secrét.-génér. de la Sec. bot., chargé d'un cours
de bot. à la fac. des sciences, dir. du Jard. bot., quai de
l'Est, 6, (*Lichens, Géogr. bot.*).

Al. Jordan, 40, rue de l'Arbre-Sec (*coll. bot.*).

Carret, prof. à l'Institution des Chartreux.

Abbé Paul Tillet, prof. à l'Instit. des Minimes, place des
Minimes, 1.

J. Therry, rue Mercière, 50 (*mycologue*).

l'Abbé Boullu, professeur, rue Bourbon, 31 (*Roses*).

Dr Perroud, médecin des hôpitaux, 5, quai des Célestines.

De Bat, place Perrache, 7 (*bryologue*).

Viviand-Morel, réd. en chef du *Lyon horticole*, rue Viabert, 1
(cité Lafayette).

Mâcon (MASTICONA), *Saône-et-Loire.*

M. Francisque Lacroix, pharm.-chim. (*coll. bot.*).

Marseille (MASSILIA), *Bouches-du-Rhône.*

MM. Derbès, prof. hon. à la faculté des sciences, boulevard Philippon.

Dr Ed. Heckel, prof. à la faculté des sciences et dir. du Musée,
traverse du Chapitre, 22.

Dr A. F. Marion, prof. à la faculté des sciences (*Paléont. vég.*).

Pradel, jard. en chef du Jard. bot. de la ville, au château Borély.

H. Roux, présid. de la Soc. bot. et hort. de la Provence.

Réguis, secrét.-gén. de la Soc. bot. et hort. de la Provence,
place St-Michel, 12.

Weil, dir. du Jard. zoolog.

Potay, jard. en chef du Jard. zoolog.

Martigues, *Bouches-du-Rhône.*
>M Autheman, pharmacien.

Mazières en Gatine, *Deux-Séores.*
>M. Dr Chr. Verriet-Litardière.

Melun, *Seine-et-Marne.*
>M. Dr P. A. Sagot, boulevard St-Jean, 19.

Mettray, *Indre-et-Loire.*
>M. A. Leclerc, dir. du labor. de recherches agric. de la Soc. des
>Agriculteurs de France.

Montbéliard, *Doubs.*
>M. Dr Quélet, (*mycologue*).

Montmorency, *Seine-et-Oise.*
>M. Boudier, pharmacien, M. S. B. (*Champignons*).

Montpellier, (Mons Pessulanus, Monspelium), *Hérault.*
>MM. J. E. Planchon, corresp. de l'Institut, prof. de bot. à la fac.
>de médecine, dir. du Jard. des pl., réd. de la *Flore des serres.*
>Ch. Flahault, prof. à la fac. des sc., réd. de la *Rev. des sc. nat.*
>*de Montpellier.*
>Dr J. Léon Soubeiran, prof. à l'École sup. de pharmacie.
>Durand, prof. à l'Ecole nation. d'agriculture.
>J. Duval-Jouve, corresp. de l'Institut, rue Auguste Broussonnet, 1.
>A. Barrandon, conserv. des herbiers au Jardin des plantes.
>Roudier, jard. en chef du Jardin des plantes.
>Grasidou, jard. en chef de l'École de pharmacie.
>Maillot, dir. de la station séricicole.
>Henri Loret, rue Barthez, 4. (*Flore de Montpellier*).
>Guinard (*Diatomées*), 15, rue du Cardinal.
>Dr M. Granel.

Nancy (Nanceium), *Meurthe-et-Moselle.*
>MM. L. Grandeau, doyen de la faculté des sciences, dir. de la stat.
>agron. de l'Est.
>Georges Lemonnier, prof. de bot., dir. du Jard. bot., rue Héré, 23.
>Dr Lemaire, prépar. à la fac. des sciences (*Convolvulacées*).
>Bleicher, prof. de bot. à l'Ecole de pharmacie, rue Stanislas
>102 (*Fl. des Vosges*).
>Aug. Mathieu, sous-dir. de l'Ecole forest., rue Girardet, 10.
>Fliche, prof. à l'Ecole forest., rue St-Dizier, 9 (*Fl. forestière*).

MM. Emile Gallé, secrét. de la Soc. d'hort., 2, Avenue de la Garenne.
Dr Briard, rue des Carmes.
Chapelier, ancien instituteur, quai de Choiseul (*Fl. des Vosges*).

Nantes (NANNETES), *Loire-Inférieure.*
Jardin des plantes :
MM. Dr Écorchard, directeur, prof. à l'École sup. des sciences et
lettres.
. . . . . . jard. en chef.

Muséum d'histoire naturelle :
M. Edouard Dufour, directeur-conservateur, rue de l'Héronnière, 6.

École de médecine :
MM. Dr Delamarre, prof. d'hist. nat., place Graslin, 3.
Dr Amb. Viaud-Grand-Marais, prof. de pathol. méd., rue. St.-
Pierre, 4.
Ambr. Andouard, prof. de chimie, rue Guépin, 2.
Ch. Ménier, prof. de mat. médic., place Graslin, 1.

Société académique de Nantes :
MM. Dr. Arm. Lepeltier, rue de Feltre, 10.
F. Renou, avocat.
Dr Thoinet, rue St.-Clément, 44,

Botanistes :
M. James Lloyd, rue de la Bastille, 25 (*Flore de l'Ouest*).

Narbonne, *Aude.*
M. Gaston Gautier, place St Just.

Neuilly-St-Front, *Aisne.*
M. Cl. Alb. Gérard, receveur de l'enregistr. (*échanges*).

Nice (NICAEA, NIZZA en ital.), *Alpes-Maritimes.*
MM J. B. Barla, direct. du Musée.

Nimes (NEMAUSUS), *Gard.*
MM. Jules Viel, présid. de la Soc. d'études scientifiques de Nimes.

Olargues, *Hérault.*
M. Elisée Reverchon, naturaliste (*pl. du S. E., pl. de Corse*).

Orléans (AURELIANUM), *Loiret.*
MM. Rossignol, administrateur du Jardin des plantes.
Ed. Duneau, jard. en chef du Jard. des pl.

Pamiers, *Ariége.*
M. Huet, professeur.

Pau, *Basses-Pyrénées.*
M. Tourasse (*arbres et arbustes horticoles*).

Pézénas (Piscennae Augustoritum), *Hérault.*
MM. Biche, prof. de bot. au Collège.
Triadon (*Cadet*), naturaliste.

Poitiers (Pictavium, Augustoritum), *Vienne.*
MM. Schneider, prof. de zool. et de bot. à la fac. des sciences.
Contejean, prof. à la fac. des sciences.

Poligny, *Jura.*
M. Patouillard, pharmacien (*Champignons*).

Rennes, *Ille-et-Vilaine.*
MM. S. Sirodot, doyen et prof. de bot. à la fac. des sciences
(*Lémanéacées*).
L. Crié, prof. de bot. à la fac. des sciences, à Sillé-le-Guil-
laume (Sarthe).

Rochefort (Rupefortium), *Charente-Inférieure.*
MM. Dr Barallier, direct. du Jard. bot. de la Marine.
Dr Peyremal, prof. de bot.
Ch. Wingarter, jard. en chef du Jard. bot.

Romorantin, *Loir-et-Cher.*
M. Em. Martin (*coll. bot.*).

Rouen (Rotomagus), *Seine-Inférieure.*
MM. Emm. Blanche, dir. du Jardin des plantes, rue de l'École 8.
O. Martin, chef des serres.
E. Varenne, chef de culture au Jardin des pl.
Dr Pennetier, direct. du Musée d'hist. nat.
Bidard, direct. de la station agron.
Malbranche, rue de Joyeuse, 26 (*Lichens*).
A. Le Breton, rue Buffon, 17.
Abbé Letendre (*mycologue*) à Grand Quevilly.

Saintes, *Charente-Inférieure.*
M. Paul Brunaud, avoué (*mycologue*).

St-Amand-sur-Fion.
M. Richon (*mycologue*).

St-Christophe, *Charente-Inférieure*,
M. Julien Foucaud, instituteur.

St-Émiland par Couches-les-Mines, *Saône-et-Loire*.
M. Charles Ozanon (*coll. bot.*).

St-Étienne, *Loire*.
MM. Grand'Eury, ingénieur, rue de Paris, (*paléontologie végétale*).
Joseph Glastien, professeur.
Abbé Hervier-Basson, grande rue de la Bourse, 31.

St-Genis-Laval, *Rhône*.
M. Duchamp, fils.

St-Quentin (Augusta Veromanduorum), *Aisne*.
M. Charles Magnier, direct. du Jardin bot., édit. des *Plantae Galliae septentr. et Belgii*.

Sommières, *Gard*.
M Dr Lombard, memb. de la Soc. d'étud. des sc. natur. de Nimes.

Toulon (Telo), *Var*.
M. J. B. Chabaud, jard. en chef du Jard. bot. de la Marine, à St-Mandrier.

Toulouse (Tolosa), *Haute-Garonne*.
MM. Dr D. Clos, prof. à la fac. des sciences, dir. du Jard. des plantes corr. de l'Institut, réd. des *Annales de la Soc. d'hort. de la H^{te} Garonne*.
Ed. Timbal-Lagrave, rue Roumiguière, 15.
Dr Noulet, prof. à l'École de médecine, rue Nazareth, 15.
Balansa, rue des Potiers, 36 (*actuell. au Paraguay*).
C. Roumeguère, rue Riquet, 37 (*Revue mycolog.; Fungi selecti*).
Dr Ernest Jeanbernat, 5, rue du Musée.

Tours (Turones), *Indre-et-Loire*.
MM. David Barnsby, dir. du Jardin des plantes, prof. de bot. à l'École de médecine, quai du Ruau Ste Anne, 36.
Madelein, jardinier en chef.

Villefranche-de-Rouergue, *Aveyron*.
MM. Dr Bras, (*pl. de l'Aveyron*).
Abbé Revel, chef d'institution (*Batrachium*).

ROYAUME UNI DE GRANDE-BRETAGNE ET D'IRLANDE.

ANGLETERRE (ENGLAND, ANGLIA).,

Londres (LONDINUM, LONDON).

Jardins royaux de Kew, près de Londres :

Sir Joseph Dalton Hooker, K. C. S. I., directeur et rédacteur en chef du *Botanical Magazine.*

MM. W. T. Thiselton Dyer, F. R. S., directeur-adjoint, 11 Brunswick-villas, Kew-gardens-road.

Daniel Oliver, F. R. S., prof. de bot. au collège de l'Univ., conserv. des herbiers et de la bibliothèque.

J. G. Baker, F. R. S., assist.-conserv. des herbiers, Royal Herbarium, Kew.

N. E. Brown, assist.-conserv. des herbiers.

R. A. Rolfe, 2e assist. conserv. des herbiers.

Dr M. C. Cooke, cryptogamiste de l'Herbier (*Cryptog. cell.*), réd. du *Grevillea*, 146, Junction Road, N.

J. R. Jackson, conserv. du Musée de bot. économique.

John Smith, curateur.

G. Nicholson, secrétaire du curateur.

Jardin botanique de Chelsea, près de Londres (S. W.)

M. Thomas Moore, curateur, rédacteur du *Florist and Pomologist.*

Natural History Museum (Department of Botany, South Kensington, S. W.).

MM. W. Carruthers, F. R. S., conserv. de la sect. bot., 4, Woodside-villas, Gipsy-hill, S. E.

MM. J. Britten, Esq., F. L. S., aide-conservateur, rédact. du *Journa of Botany*, 3, Gumley Row, Isleworth.

George R. M. Murray, cryptogamiste, assistant pour les herbiers au département de botanique.

H. N. Ridley, assistant.

W. Fawcett, assistant.

Université :

MM. W. T. Thiselton Dyer, F. R. S., examinateur de botanique.

Dr Sydney Vines,   „   „

Enseignement :

MM. Benison, prof. au Westminster Hôpital.

D. Oliver, F. R. S., prof. University College.

F. O. Bower, assistant du professeur, 68, Grosvenor Road, Pimlico, S. W.

Alf. W. Bennett, prof. de bot. à l'hôpital St.-Thomas, 6, Park Village East, Regents Park N. W.

R. Bentley, prof. de bot. au Kings College, à la Société de Pharmacie et à London Instit., 1, Trebovir Road, South Kensington.

Bettany, prof. à l'hôpital de Guy.

Dr Biss, prof. de bot. au Midlesex Hôpital.

Dr Colguhoun, prof. à l'hôpital de Charring Cross.

Rev. J. M. Crombie, prof. à l'hôpital Ste-Marie.

Rév. G. Henslow, prof. à l'hôp. St-Barthélemy.

Alfred Grugeon, Lecturer on Botany in the Working Men. College, Great Ormond street.

Dr Warner, prof. de bot. au London Hôpital.

Société royale (Burlington House) :

MM. W. Spottiswoode, président.

Prof. George Gabriel Stokes, secrétaire, Lensfield Cottage, Cambridge.

Prof. M. Foster, secrétaire, Trinity College, Cambridge.

Alex. W. Williamson, Foreign Secretary.

Société Linnéenne (*Linnean Society*), Burlington House, London, W.

Sir John Lubbock, M. P., F. R. S., Higt Elms, Farnborough, Kent.

MM. B. Daydon Jackson, secrétaire botanique, Stockwell, London, S.

G. J. Romanes, F. R. S., Secrétaire zoologique, 18, Cornwall Terrace, Regents Park, N, W.

Dr J. Murie, librarian.

Société botanique (Royal Botanic Society of London) :
MM. W. Sowerby, secrétaire, Regents' Park, N. W.
 W. Coomber, surintendant du Jardin de la Société.

Royal Microscopical Society (King's College, Strand, W. C.).
 M. Frank Crisp, L. L. B., B. A., F. L. S., secr.-réd. du Journal de la
  Société.

Société royale d'horticulture (South Kensington) :
Lord Aberdare, président.
MM. Robert Hogg, L. L. D., secrétaire.
 Sir J. D. Hooker, président du Comité scientifique.
 A. F. Barron, jard. en chef de la Soc. roy. d'hort. à South
 Kensington et Chiswick.
 Rev. G. Henslow, secretary to the scientific committee.
 Dr Maxwell T. Masters, F. R. S., secrétaire honoraire pour la
 correspondance étrangère.

British Association for the Advancement of Science, 22 Albemarle
 Street.
MM. Prof. T. G. Bonney, F. R. S., secretary.
 J. Gordon, assistant secretary.

Société pharmaceutique (Bloomsbury) :
MM. R. Bentley, prof. de bot.
 E. M. Holmes, F. L. S., conserv. du Musée, 30, Arthur Road,
 Holloway. (*Cryptog.*).

Botanistes :
MM. John Ball F. R. S., 10. Southwell Gardens, Queen's gate,
 South Kensington. (*Fl. des Alpes, Maroc, etc.*).
 J. Bateman, F. R. S., 9 Hyde Park Gate South. (*Orchidées*).
 G. Bentham, Esq., F. R. S., 25, Wilton-place, S. W.
 G. S. Boulger, 144, Kensington Park Road, W.
 Dr R. Braithwaite, 303, Clapham Road (*Mousses*).
 Dr Rob. Brown, M. A., 26, Guilford Road, Albert Square.
 Th. Christy, 155, Fenchusch St. (*Drogues et pl. utiles*).
 Trevor Clarke, Col., Welton Park, Daventry (*Pl. cultiv.*).
 Rév. J. M. Crombie (*Lichens*), 12, Coleherne Road, West Bromp-
 ton, S. W.
 Walter H. Fitch, aquarelliste, Cambridge Terrace, Kew.
 Henry Groves, 13, Richmond Terrace, Clapham Road, S. W.
 (*Characées*).

MM. W. B. Hemsley, 2 Woodland Cottages, Gunnersbury.

J. E. Howard, F. R. S. Tottenham, (*Cinchona*).

F. Howse (*Fungi*), Sydenham Hill.

Dr M. T. Masters, F. R. S., réd. en chef du *Gardeners' Chronicle*. 41, Wellington Str. Strand.

Spencer Le Marchant Moore, Arundel house, Lewisham, S. E.

John Smith, A. L. S., Ex-curator of Royal Garden, Kew. (*Filices*).

W. G. Smith, F. L. S., 125, Grosvenor Road, Canonbury, N. (*mycologue*),

Botanique horticole:

MM. Shirley Hibberd, dir. du *Gardener's Magazine*, Stoke Newington, N.

W. Robinson, F. L. S., rédact. en chef du Garden, 37, Southampton Str., Covent Garden, W. C.

Rich. Dean, rédacteur du *Floral Magazine* (chez L. Reeve et C⁰, 5, Henrietta Str., Covent Garden, W. C.).

Alex. Roger, curateur du Battersea Park.

John Gibson, jard. en chef du Hyde Park.

A. Macintyre, surintendant du Victoria Park.

D. G. Head, jard. en chef du Crystal Palace, Sydenham.

A. Graham, superintendant des jardins de Hampton Court.

W. Brown, superint. de Regent's Park.

Harry Veitch, Royal Exotic Nursery, 544, King's Road, Chelsea, London, S. W. (*Fl. exotique, Conifères*).

Revues scientifiques:

MM. E. Ray Lankester, réd. du *Quarterly Journal of microscop. Science* (chez J. et A. Churchill, New Burlington Str.).

J. Norman Lockyer, F. R. S., réd. en chef de *Nature*, (chez Macmillan et C⁰, 29-30, Bedford Str. Covent-Garden, W. C.).

W. S. Dallas, réd. en chef de la *Popular Science Review* (chez D. Bogue, 3, St Martins place, Trafalgar Square, W. C.).

J. E. Taylor. réd en chef du *Science-Gossip* (chez D. Bogue, 3. St Martins place, Trafalgar Square W. C.).

P. L. Simmonds, réd. en chef du *Journal of Applied Science*, 3, St Martins Place, Charring Cross.

Bangor, *Carnarvonshire.*

M. J. E. Griffith (*Fl. du Carnarvonshire*).

Barnstaple, *Devonshire.*

M. W. P. Hiern (*Ebénacées.*)

Batheaston, *Somerset.*
> M. C. E. Broome (*mycologue*).

Beckenham, *Kent.*
> MM. Dr Ch. Darwin, F. R. S., Down.
> Francis Darwin, M. B., F. L. S.

Birmingham, *Warwickshire.*
> M. Latham, dir. du Jard. bot.

Bitton, *près Bristol, Gloucestershire.*
> Rév. H. N. Ellacombe (*Pl. cultiv.*).

Blandford.
> M. F. Mandel-Pleydel (*Flore du Dorset*).

Bristol.
> M. Leipner, prof. de bot. à l'Universitz College.

Broseley, *Shropshire.*
> M. George Maw, Benthal Hall (*Pl. cult., Crocus, etc.*).

Cambridge, (CANTABRIGIA), *Cambridgeshire.*
> MM. Charles-Cardale Babington, G. R. S., prof. de bot. à l'Univ., dir.
> du Jard. bot., 5 Brookside.
> R. I. Lynch, curateur du Jard. bot.
> William Hillhouse, assistant curator of the Herbarium, Trinity-
> College.
> Walter Gardiner, Natural Science Scholar of Clare College.
> Dr Sydney H. Vines, prof. de bot. au Christ's College.

Cirencester, *Gloucestershire.*
> MM. H. J. Elwes, Preston House (*Lilium*).
> Joshua, W., *lichenologue.*

Clifton, près Bristol *Gloucestershire.*
> MM. Churchill, amateur.

Croydon, *Surrey.*
> M. Arthur Bennett, 107 High Street (*Orobanche, Potamogeton,
> Characées*).

Daventry.
> M. R. Trevor Clarke.

Farnborough, *Kent.*
Sir John Lubbock, Bart.

Godalming, *Surrey.*
M. A. R. Wallace, Nutwood Cottage, Frith Hill.

Hurstpierpoint, *Sussex.*
M. W. Mitten (*bryologue*).

King's-Lynn, *Norfolk.*
M. C. B. Plowright (*mycologue*).

Leeds, *Yorkshire.*
M. Miall, prof. de bot. à l'École de médecine.

Liverpool, *Lancashire.*
MM. Harbord Lewis, Mill St. 180 (*Rubus etc.*).
Dr Shearer, prof. de bot. à l'École de médecine.

Manchester, *Lancashire.*
MM. Bruce Findlay, curat. du Jard. bot.
Dr Wiliamson, F. R. S., prof. d'hist. nat. Owens College.
Marcus Hartog, Owens College.
Leo Grindon, prof. de bot.
Charles Bailey, F. L. S., secretary of the botanical Exchange Club,
Ashfield College Road, Whalley Range.

Newcastle on Tyne, *Northumberland.*
M. Dr J. Murphy, prof. à l'École de médecine.

Oxford (Oxona), *Oxfordshire.*
MM. Marmaduke A. Lawson, prof. de bot. à l'Univ., dir du Jard. bot.
W. Hart Baxter, curateur du Jard. bot.

Penzance, *Cornouailles (Cornwall).*
M. W. Curnow, Pembroke Cottage (*bryologue*).

Plymouth, *Devonshire.*
M. T. Archer Briggs (*Flore de Plymouth*).

Rothamsted, *près Harpenden, Herts.*
MM. Dr J. H. Gilbert, F. R. S., dir. de la station agron.
J. B. Lawes, F. R. S.
R. Warington, chimiste.

Rotherfield, *Sussex.*
M. James Renny et 106 Warwick st., Pimlico, London (*mycologue*).

Sheffield, *Yorkshire.*
MM. Birks, prof. à l'École de médecine.
John Ewing, curateur du Jard. bot.

Sherborne, *Dorset.*
M. J. Buckman, *botanique agricole.*

Shrewsbury, *Shropshire.*
MM. W. Phillips (*mycologue*).
Rév. W. A. Leighton (*lichénographe*).

Sibbertoft, Market Harborough, *Leicestershire.*
Rev. M. J. Berkeley, F. R. S. (*mycologue*).

Taunton, *Somerset.*
Dr R. C. A. Prior, *Flore du Cap, etc.*

Tottenham, *Middlesex.*
M. J. E. Howard, F. R. S., *Cinchona.*

PRINCIPAUTÉ DE GALLES (WALES, CAMBRIA).

Welshpool, *Montgomery.*
Rév. John. E. Vize, Forden Vicarage (*prép. microsc. de mycologie*).

ÉCOSSE (SCOTLAND, SCOTIA).

Edimbourg, (EDINBURGH, EDINA).
MM. Dr J. H. Balfour, F. R. S., prof. émer. de bot. à l'Univ., dir. du
Jardin roy. de bot., Inverleith-House.
Dr Alexander Dickson, prof. de bot. à l'Univ., Regius Keeper of
the Royal Botanic Garden, 11, Royal Circus.
John Sadler, curateur du Jardin royal de botanique.
J. M. Macfarlane, démonstrateur de botanique à l'université.
Sir Rob. Christison, Bart., M. D., prof. émer. de mat. méd.
40, Moray Place.
Dr Thomas A. G. Balfour, F. R. S. E., 51, George Square, présid.
de la Soc. bot. d'Edimbourg.
Andrew Taylor, assistant secretary of the Botanical Society.

MM. I. Anderson Henry, Hay Lodge, Trinity.
P. Neill Fraser, Rockville, Murrayfield.

Aberdeen, *Aberdeen.*
MM. Dr J. W. H. Trail, prof. de bot. à l'Université.
Dr G. A. Dickie, prof. émer. de bot. à l'Univ. (*algologue*).

Balmuto, *Fifeshire.*
M. Dr J. T. Boswell, réd. du *English Botany.*

Glasgow, (GLASCUA), *Lanark.*
MM. Dr I. Bayley Balfour, prof. de bot. à l'Univ., 11 Hillhead Gardens.
R. Bullen, curateur du Jard. bot.
Dr Jas. Stirton, 15 Newton Str. (*lichénologue*).
A. S. Wilson, prof. à Andersons' College.

Haddington.
M. John C. Brown, ancien prof. au South African College (*Economie
forest.*).

Perth, *Perthshire.*
MM. Dr J. Buchanan White, réd. du *Scottish Naturalist*, secrétaire de
la *Cryptogamic Society of Scotland.*

St-Andrews, *Fifeshire.*
MM. H. A. Nicholson, prof. d'hist. nat. à l'Univ.
Dr. Cleghorn (*Forêts des Indes Orient.*).

IRLANDE (IRELAND, HIBERNIA).

Dublin, (EBLANA), *Leinster.*
MM. Fréderic W. Moore, curator du Jard. royal de Glasnevin, près
Dublin.
Dr Will. Ramsay Mac Nab, prof. de bot. au Collège. roy. des
sciences.
Dr E. Perceval Wright, prof. de bot. à l'Univ., 5 Trinity College.
F. W. Burbidge, curateur du Jardin bot. de Trinity College.
William Archer, F. R. S., Librarian, National Library
(*Desmidiées*).
Greenwood Pim, F. L. S., Eaton Lodge, Monhstown (*Fungi*).

MM. Ambrose Balfe, Secretary Royal Horticultural Society, 28, West-
land Row.

A. G. More, curateur du Muséum d'histoire naturelle.

Belfast, *Ulster.*

MM. Dr R. O. Cunningham, prof. de bot. au Queen's College.

JERSEY (ILE DE)

St.-Aubin.

M. Charles Larbalestier, B. A., Roche Vue (*lichénographe*).

MALTE (ILE DE) (MELITA).

La Valette.

MM. Dr Gavino Gulia, prof. à l'Univ., dir. du Jard. bot., médec. et
pharmacien, réd. du Journ. *Il Barth*, strada Conspicua.

Dr J. C. Grech Delicata (*Flora Melitensis*).

ROYAUME DE GRÈCE (GRAECIA) ΕΔΔΑΣ.

Athènes, Αθηνη.

MM. Dr Théod. de Heldreich, dir. du Jard. bot. et du Musée d'hist.
nat.

Th. G. Orphanides, prof. de bot.

Ph. Phassulis, jard. en chef du Jard. bot.

Fr. Schmidt, jardin. en chef du Jardin du Roi.

H. Kloetzcher, chef des serres au Jardin du Roi.

X. Landerer, professeur.

Timoléon Holzmann, amateur.

Eustate Ponéropoulos.

S. A. Crinos, pharmacien (*bot. archaïque*).

ROYAUME D'ITALIE (ITALIA).

Rome.
MM. Dr Nicolas A. Pedicino, prof. ord. de bot. à l'Univ. et dir du
Jard. bot.
J. B. Canepa, vice-directeur du Jard. bot.
P. Mauri, jard. en chef du Jardin bot.
Dr Aser Poli, assist. au Jardin bot.
Dr Matth. Lanzi, 6, via Cavour.
Mgr Comte Fr. Castracane degli Antelminelli, camérier secret
(*Monogr. des Diatomacées*), Piazza della Copelle, 50.
J. Briosi, docent libre de physiol. vég. à l'Univ., dir. de la
station chim. agron.
G. C. Siemoni, insp. gén. des forêts au Ministère de l'Agric.
(*Fl. forestière*).
Dr P. Freda, insp. d'agric. au Ministère de l'Agriculture
(*Chimie végétale*).
E. Armitage, Via Ripetta, Palazzo Campana (*coll. phanér.*).
J. Pocchettino, prof. à l'Institut technol.
Pasquale Baccarini (*Physiologie*).
Dr Martel, prof. au Lycée, Umberto I.
Beranger, anc. insp. sup. des forêts au Ministère de l'Agriculture.

Alexandrie, *Piémont.*
M. Dr J. P. Papasogli, prof. à l'Institut technique.

Ancône, *Marches.*
M. L. Paolucci, prof. à l'Institut technique.

Asti, *Piémont.*
M. Dr Fr. Kœnig, dir. de la station œnologique.

Avellino, *Campanie.*
M. M. Carlucci, dir. de l'école d'œnologie.

Avola, *Sicile, prov. de Syracuse.*
M. Joseph Bianca (*Flore d'Avola*, monogr. du genre *Amygdalus*).

Bagnacavallo, *Romagne.*
M. Dr Pierre Bubani (*Fl. des Pyrénées*, *Flora Virgiliana*, etc.).

Bavi, *Puglio.*
M. Dr J. de Nicoló, prof. de bot. à l'Ecole de pharmacie.

Bibbiena, *Arezzo, Toscane.*
M. Dr Emile Marcucci.

Bologne (BONONIA) *Romagne.*
MM. G. Gibelli, prof. ord. de bot. à l'Univ., dir. du Jard. bot.
Dr G. Cugini, assist. de bot. à l'Université et prof. à l'Institut techn. (*Physiol. vég.*).
A. Phil. Giovanini, jard. en chef du Jard. bot.
Dr Jérome Cocconi (*Flore de Bologne*).

Cagliari, (CALARIS ou KARATES,) *Sardaigne.*
MM. Dr P. Gennari, prof. ord. à l'Univ., dir. du Jard. bot.
Ant. Pirotta, jard. en chef.

Caltagirone, *Sicile, prov. de Catane.*
M. Dr T. Simonetti, dir. de l'Ecole d'agriculture.

Casale-Monferrato.
M. F. Negri, avocat.

Caserta, *Campanie.*
MM. Dr N. Terracciano, dir. du Jardin roy. anglais.
U. Ferrero, prof., dir. de la station agron.

Catane (CATANIA), *Sicile.*
MM. Fr. Tornabene, prof. ord. à l'Univ. et dir. du Jard. bot.
G. De Gaetani, assistant.
L. Maresca, jard. en chef.

Chioggia, *Vénétie.*
M. Dr Alex. Chiamenti (*Flora Veneta*).

Como, *Lombardie.*
M. l'abbé M. Anzi (*lichénologue*).

Conegliano, *Trévise.*
> MM. Prof. G. B. Cerletti, dir. de l'Ecole de viticult. et œnologie.
> Dr J. Cuboni, prof. de bot. à l'Ecole de viticult. et œnologie.
> Prof. A. Carpené, dir. de la Société œnologique.

Cuneo, *Piémont.*
> M. C. Boccaccini, prof. au Lycée.

Faenza (FAYENCE), *Romagne.*
> M. Ludovic Caldesi (*cryptogamiste, fl. de Faenza*).

Fano, *Marches.*
> M. l'abbé François comte Castracane degli Antelminelli (*Diato-
> mées*), (résidence d'été).

Ferrare, *Romagne.*
> M. Dr Carus Massalongo, prof. à l'Univ., dir. du Jard. bot.
> (*Hépatiques*).

Florence (FLORENTIA ; FIRENZE), *Toscane.*
> MM. T. Caruel, prof. de bot. à l'Institut des études supér., dir. du
> Jard. bot. et du Musée, réd. du *Nuovo Giornale botanico
> italiano.*
> Ed. Beccari, anc. dir. du Jard. bot. et du Musée bot., édit.
> de la *Malesia*, Borgo Tegolaja, 48, et Radda di Chianti.
> Ad. Targioni-Tozzetti, prof. de Zoologie, dir. du Musée d'hist. nat.
> L. Ajuti, conserv. en chef du Musée bot.
> L. Scaffai, conserv. du Musée bot.
> J. Gemmi, conserv.-adj. du Musée bot.
> J. Bastianini, jardinier en chef du Jard. bot.
> P. Baroni, conserv. en chef. du Jard. bot.
> Dr Démètre Bargellini, via Guelfa, 1. (*mycologue*).
> Em. Bechi, prof. à l'Institut technique, dir de la station agron.
> H. Groves, pharmacien.
> Dr E. Levier, Borgo S. Frediano, 16.
> Ug. Martelli, Via della Forra, 8.
> Stephen Sommier, Lungarno Corsini, 2.
> Vincent Ricasoli, général-major, via Ricasoli, 7 (*bot. hortic.*).
> Pierre de Tchihatchef, corresp. de l'Institut, place des Zouaves, 1.

Forli (FORUM JULII), *Romagne.*
> M. A. Pasqualini, prof., dir. de la station agron.

Gênes (GENUA; GENOVA), *Piémont.*
    MM. Fréd. Delpino, prof. ord. de bot. à l'Univ., dir. du Jard. bot.
    Fr. Baglietto, assistant (*lichénologue*).
    J. Bucco, jardin. en chef du Jard. bot.
    Dr Antoine Piccone, prof. au Lycée (*cryptogamiste*).

Licata, *Sicile.*
    M. Vito Beltrani (*mycologue*).

Lucques (LUCCA), *Toscane,*
    M. Dr C. Bicchi, prof. au Lycée et dir. du Jard. bot.

Mantoue (MANTOVA, MANTUA), *Vénétie.*
    MM. Comte Ant. Magnaguti-Rondinini.
    Ant. Manganotti, prof. à l'Institut technique.
    l'Abbé Franc. Masè, à Casteldario.

Messine, *Sicile.*
    MM. A. Borzi, prof. extr. de bot. à l'Univ., dir. du Jard. bot.
    Léopold Nicotra (*Flore de Messine*).
    Dr M. Franke, assistant à l'école de botanique.

Milan (MEDIOLANUM; MILANO : en all. MAILAND), *Lombardie.*
    MM. Fr. Ardissone, prof. de bot. à l'Ec. roy. sup. d'agric., dir. du Jard.
        bot. de Brera (Hort. Braidensis), réd. des *Atti del la Società*
        crittog. italiana (*algologie*).
    G. Pecorara, jard. en chef du Jard. bot.
    Ferdinand Sordelli, adjoint au Musée civique (*paléontologue*).
    Gaetano Cantoni, prof., dir. de la station agr.

Modène (MODENA, MUTINA), *Emilie.*
    MM. Dr R. Pirotta, prof. de bot. à l'Univ. et dir. du Jardin bot.
    J. Pirotta, insp. du Jardin bot.

Monza (MODOCTIA), près Milan, *Lombardie.*
    M. le comte Vittore Trevisan di S. Leon (*cryptogam., sp. Filicum et Lichenum*).

Naples (NEAPOLIS, NAPOLI), *Campanie.*
    MM. Baron Vincent Cesati, prof. ord. à l'Univ. et direct. du Jardin bot.
    Dr J. A. Pasquale, prof., adj. au Jard. bot., via Crocelle a San
        Gennaro, 74.
    Dr Caj. Licopoli, adj. au Jard. bot. et prof. au lycée Victor-
        Emmanuel.

MM. Alfred Dehnhardt, inspect.-adj. du Jard. bot.

Jos. Camille Giordano, prof. à l'Institut technique (*bryologue*).

Dr Vincent Tenore, prof. à l'Ecole zooïatrique.

Dr Franç. Balsamo, docent libre.

Marquis R. Valiante (*algologue*), Pontecorvo, 90.

F. Pasquale, assist. à l'Institut technique.

Padoue, (PADOVA, PATAVIUM), *Vénétie*.

MM. Dr P. A. Saccardo, prof. ord. de bot. à l'Univ., dir. du Jard. bot., réd. de la *Michelia* et de la *Mycotheca veneta*.

Dr Otto Penzig, adjoint à la chaire de bot. et à la dir. du Jard. bot.

G. Bizzozero, conservateur du Jard. bot. (*Flora Veneta*).

G. Pigal, jard. en chef du Jard. bot.

Commandeur Baron Ach. de Zigno (*Paléontologie végétale*).

Dr Ant. Keller, prof. d'agronomie à l'Univ.

Palerme (PANORMUS, PALERMO), *Sicile*.

Université :

MM. Dr Commandeur Augustin Todaro, sénateur du roy., prof. ord. de bot., via Cintorinari, 7.

Dr Michelangelo Console, prof. adj., via Stobile, 281.

Dr Francesco P. C. Siragusa, docent libre de bot. (*Physiol. vég.*).

Dr Giuseppe Inzenga, prof. ord. d'agronomie (*mycologue*).

E. Paternò, prof. de chimie à l'Univ. (*Chimie des Lichens*).

Dr V. Cervello, adj. à la chaire de matière médicale (bot. méd.).

Jardin royal de botanique :

MM. Dr A. Todaro, directeur.

Dr M. A. Console, adj. démonstr.

Mich. Lojacono, adj. prov., Piazza S^{to} Spirito, 5 (*coll. bot. de Sicile*).

N. Citarda, jard. en chef.

Académie royale des sciences :

M. Prof. G. Bozzo, secrétaire-général.

Botanistes, etc. :

MM. Dr Gelarda, prof. de bot. à l'Institut technique.

Dr Diblasi, prof. de bot. au lycée royal.

Dr F. Alfonso Spagna, prof. ord. d'agronomie à l'Institut technique (*bot. agric. et hort.*).

Dr Antonio Todaro, avocat (*Collections et bibliogr. bot.*).

Dr Emile Colosi, Via Lilacta, Palais Tislureno (*anat. et physiol. des pl.*).

MM. Enrico Ragusa, édit. d'*Il Naturalista Siciliano*, Via Stabile, 89.
(*entomologiste*).

L. Failla Tedaldi, Via Lolli, 138 (*Plantae Siculae rariores
exsiccatae*).

Parme (PARMA), *Emilie.*
MM. J. Passerini, prof. ord. à l'Univ., direct. du Jardin bot.
N. Ceccoti, jard. en chef du Jard. bot.

Pavie (TICINUM, PAVIA), *Lombardie.*
MM. Santo Garovaglio, prof. ord. à l'Univ., dir. du Jard. bot.
Dr Achille Cattaneo, attaché au cabinet cryptogamique.
J. Traverso, jard. en chef du Jard. bot.

Pérouse (PERUGIA), *Ombrie.*
MM. Al. Bruschi, prof. à l'Univ. libre et dir. du Jard. bot.
Al. Morettini, jardin. en chef du Jard. bot.

Perrero di Pinerolo, *Piémont.*
M. Dr Ed. Rostan (*bot. des Alpes piémont.; vente et échanges*).

Pesaro, *Marches.*
M. L. Guidi, prof., dir. de la station agron.

Pise (PISA), *Toscane.*
MM. Dr Jean Arcangeli, prof. ord. de bot. à l'Université, dir. du
Jard. bot.
Dr Ant. Mori, aide au Jard. bot., prof. de bot. à l'école d'agron
Ferd. Cazzuola, conserv. du Jard. bot.
A. Garbocci, cons. des collect. bot.
J. Nencioni, jard. en chef du Jard. bot.
H. Cristofani, dessinateur.
F. Sestini, prof. de chimie agricole à l'Univ.
Dr Gius. Meneghini, prof. de géologie et de paléont.

Portici, près Naples.
MM. Dr Horace Comes, prof. de bot. à l'école sup. d'agric. et dir.
du Jard. bot.
Dr Savastaro, assist. au Jard. bot.
Dr J. Giglioli, prof. de chimie agricole.

Quinto-Vercellese, près Verceil, *Piémont.*
M. Alexis Malinverni, ingénieur (*Isoëtes*).

6

Reggio, *di Calabria.*

> M. Dr L. Macchiati, professeur à l'Institut technique.

Ruvo di Puglia, *Campanie.*

> M. Antoine Jatta (*lichénologue*).

San Remo, *Porto Maurizio.*

> M. Panizzi.

Sienne (Sena, Siena), *Toscane.*

> MM. Att. Tassi, prof. ord. à l'Univ., dir. du Jard. bot.
> Flam. Tassi fils, assist. au Jard. bot.
> J. Massimi, jard. en chef.

Teramo, *Abruzes.*

> M. Dr Fréd. d'Amato, prof. à l'Institut technique.

Torre del Benaco, sur le lac de Garde.

> M. P. Rigo, pharmacien (*coll. phanér.*).

Turin (Turinum, Augusta Taurinorum, Torino), *Piémont.*

> MM. G. B. Delponte, professeur émérite.
> J. Gibello, prof.
> Dr F. Bruno, assist. au Jard. bot.
> Dr O. Mattirolo, assist. au Jard. bot.
> Michel Defilippi, jard. en chef du Jard. bot.

Udine, *Vénétie.*

> MM. Nallino, prof., dir. de la station agron.
> Dr J. A. Pirona (*fl. de Friuli*).

Urbino, *Marches.*

> M. Dr Federici.

Vallombrosa, *Toscane.*

> M. U. Pianigiani, prof. de bot. à l'Ecole forestière.

Varallo, *Piémont.*

> M. l'abbé Ant. Carestia (*cryptogamiste*).

Venise (VENETIA, VENEZIA ; VENEDIG en all.), *Vénétie.*
 M. Ruchinger, jardinier, dir. de l'anc. jard. bot. à S. Giobbe.

Verceil (VERCELLI), *Piémont.*
 M. le Comte Charles Mella-Arborio.

Vérone (VERONA), *Vénétie.*
 MM. Augustin Goiran, prof. de physique au Lycée.
 Dr Manganotti, secrétaire de l'Académie.

GRAND-DUCHÉ DE LUXEMBOURG.

Luxembourg (Lützeburg).
 MM. . . . . . ., président de la Soc. bot. du Grand-Duché.
  J. P. J. Koltz, secrétaire, à Pfaffenthalf.
  Dr Layen, secrétaire à l'Institut Royal Grand-Ducal (*mycologue*).

Diekirch.
 M. Alfred Nelles, pharmacien (*Fl. locale.*)

ROYAUME DES PAYS-BAS (BATAVIA, NEDER-LANDIA, NEDERLAND).

Amsterdam (Amstelodamum).
 Université :
  MM. C. A. J. A. Oudemans, prof. de bot., dir. du Jard. bot. et l'un
   des réd. du *Nederlandsch kruidkundig Archief.*
  Dr Hugo de Vries, prof. de physiol. végétale expérimentale.
  J. C. Groenewegen, jard. en chef du Jard. bot.

 Académie royale des sciences :
  MM. Dr C. A. J. A. Oudemans, secrétaire-général.
   Dr W. F. R. Suringar, à Leiden.
   Dr N. W. P. Rauwenhoff, à Utrecht.
   Dr C. M. van der Sande Lacoste (*bryologue*).
   Dr Hugo de Vries.
   Dr M. Treub, à Buitenzorg (Java).

 Botanistes :
  M. Dr J. C. Costerus, prof. à l'école moyenne.

Baarn, *Gueldre.*
>
> M. K. W. Van Gorkom, ancien dir. des plant. de quinquina de
> l'État à Java.

Groningue (GRONINGEN).
>
> MM. Dr P. De Boer, prof. de bot. à l'Univ., dir. du Jard. bot.
> Th. Valeton, assist. au labor. de bot.
> A. Fiet, jard. en chef du Jard. bot.

Haarlem.
>
> MM. F. W. van Eeden, dir. du Musée colon. des possess. néerl.
> Dr E. C. Ekama, biblioth. de la Soc. Teylerienne.
> Dr P. W. Korthals.
> Dr Bohnensieg, pharmacien-major milit. de 1re classe, con-
> serv. de la biblioth. du Musée Teyler et éditeur du *Re-
> pertorium botanicum.*

Leiden (LUGDUNUM BATAVORUM).
>
> MM. Dr W. F. R. Suringar, prof. de bot. à l'Univ., dir. du Jard. bot.
> et de l'Herbier de l'État et l'un des réd. du *Nederlandsch
> Kruidkundig Archief.*
> Dr J. G. Boerlage, conserv. de l'Herbier de l'État.
> E. Giltay, assist. au labor. du Jard. bot.
> H. Witte, jard. en chef du Jard. bot., réd. de la *Sieboldia.*
> J. A. Smeets, assist. à l'Herbier de l'État.

Nimègue (NOVIOMAGUM, NIJMEGEN).
>
> M. Th. H. A. J. Abeleven, secrét. de la Soc. bot. néerland. (Neder-
> landsche Botanische Vereeniging) et l'un des réd. du *Neder-
> landsch Kruidkundig Archief.*

Renkum, près Arnhem, *Gueldre.*
>
> M. Dr L. H. Buse.

Utrecht (ULTRAJECTUM, TRAJECTUM AD RHENUM).
>
> MM. Dr N. W. P. Rauwenhoff, prof. de bot. à l'Univ., dir. du
> Jard. bot.
> . . . . . . assist. au laboratoire de botanique.
> Dr J. W. Moll, prof. à l'école moyenne.
> G. Van den Brinck, jard. en chef du Jard. bot.
> Dr H. F. Jonkman.

Wageningen, *Gueldre.*
>
> MM. Ad. Mayer, prof. à l'Institut agron. sup.
> Dr M. W. Beyerinck,   „   „   (*Galles*).

ROYAUME DE PORTUGAL (LUSITANIA).

Lisbonne (OLYSSIPPO ; LISBOA, en port., Lissabon en angl.) :
MM. Joaô de Andrade Corvo, prof. de bot. et dir. du Jard. bot. de
     l'École polytechnique, memb. de l'Acad. roy. des sciences.
Comte de Ficalho, suppléant du prof. de bot. et naturaliste
     adjoint, memb. de l'Acad. roy. des sciences.
Jul. Daveau, jard. en chef du Jard. bot. (*coll. bot.*)
Estacio de Veiga, rue du Sacramento, 28, (*Orchidées du Por-*
     tugal), memb. de l'Acad. roy. des sciences.
Antonio Augusto de Aguiar, membre de l'Académie roy. des
     sciences (*viticulture*).
Luiz de Mello Breyner, dir. du Jardin Royal d'Ajuda.
Bernardino Barros Gomes, ingénieur des forêts (*pl. forest.*).
Batalha Reis, prof. de bot. à l'École d'agric.
Ricardo Dias da Silva, conserv. des herb. à l'Ecole polytechn.
Pereira Coutinho, Institut d'agriculture (*coll. bot.*).
Dr Pedro Francisco da Costa Alvarenga, dir. du Jard. bot. et
     prof. de mat. médic. à l'Ecole de médecine.

Coïmbre (CONIMBRICA ; COÏMBRA en port.).
MM. Dr J. A. Henriques, prof. de bot. à l'Univ. et dir. du Jard. bot.
Vicomte de Villa Maior, recteur de l'Univ. et membre de
     l'Académie roy. des sciences (*viticulture*).
Ad. Fr. Moller, insp. du Jard. bot. (*pl. médic.*).
Joaquim Mariz, naturaliste adjoint.
Bruno S. Tavares Carreiro, étud. en médecine à l'Univ. (*coll. bot.*).
Antonio de Castro Freire, étud. en médecine à l'Univ. (*coll. bot.*).
Alfonso Dias Moreira Padraô, étudiant en médecine (*coll.*
     d'Algues).

Porto, Oporto.
MM. Dr Francisco de Salles Gomes Cardoso, prof. de bot. et dir.
     du Jard. bot. à l'Acad. polytechn.

MM, Joaquim Casimiro Barbosa, premier officier et jard. du Jard. bot.

Isaac Newton (*coll. cryptog. cellul.*)

Augusto Luzo da Silva, prof, au Lyceum (*crypt. vascul.*).

Manoel d'Albuquerque de Mello Pereira Caceres (*coll. bot.*).

E. Schmitz, ingénieur de mines (*coll. bot., échanges*).

Jose Duarte de Oliveira junior, réd. du *Journal d'horticulture pratique.*

José Marquis Loureiro, propriétaire du *Journal d'hort. prat.* (*Horticulture*).

Edwin J. Johnston (*coll. bot.*).

Vicomte de Villar Alen, présid. de la Commission du Phylloxera.

ROYAUME DE ROUMANIE (ROMANIA).

Bucharest (Bucaresta, Bucarest; Bucuresci en roum.), *Valachie.*
MM. Dr Brandza, prof. de bot. à l'Univ., dir. du Jard. bot., memb. de l'Acad. roum., Strada Fontanei, 14.

André Gotteland, jard. en chef du Jard. bot.

Dr D. Grecescu, prof. de bot. à la fac. de méd., Strada Diaconiselor, 8.

Jassy (Yassy), *Moldavie.*
M. Dr A. Fêtu, prof. de bot. à l'Univ., dir. du Jard. bot.

EMPIRE DE RUSSIE (ROSSIA, SARMATIA).

St. Pétersbourg (Petropolis, Sanct-Peterburg).
Jardin impérial de botanique:
MM. Dr Ed. de Regel, directeur, réd. du *Gartenflora.*

E. R. Trautvetter, membre honoraire (*Flora Rossica*).

C. J. de Maximowicz, botanicus primarius, herbarii praefectus (*fl. de l'Asie centr. et orient.*).

Dr Alex. F. Batalin, botanicus primarius, musei praefectus.

Const. Winkler, conservateur de l'Herbier.

Dr F. de Herder, bibliothécaire.

E. Ender, jardinier en chef.

H. Höltzer, jardinier en chef.

Université :

MM. André Békétoff, prof. de bot., recteur de l'Université, dir. du Jard. bot. (*Morphol. et Phytogr.*).

A. Famintzin, prof. de bot. (*Anat. et Physiol.*), membre de l'Acad.

Dr Christophe Gobi, conserv. de l'Herbier, docent de bot. (*Algues*).

P. J. Krutizki, aide-naturaliste.

B. Kauffert, jardinier du Jard. bot.

Académie impériale des sciences :

MM. De Veselofsky, secrétaire-général.

C. J. de Maximowicz, membre, dir. du Musée et de l'Herbier.

A. Famintzin, membre.

E. R. de Trautvetter, membre corresp.

C. E. Mercklin, membre corresp.

J. Borodin, membre.

C. Meinshausen, conserv. des herbiers (*Fl. Ingrica*).

Institut forestier :

MM. J. Borodin, prof. de bot.

N. A. Montéverdé, aide-naturaliste.

Musée impérial d'agriculture :

MM. N. de Solsky, directeur.

N. L. Karasevicz, vice-directeur.

S. J. Kuleschow, conservateur.

Société des naturalistes. Section botanique :

MM. prof. A. Békétoff, président.

J. Borodin, secrétaire.

Dr. M. Woronin, membre, actuell. Mainzerstrasse, 24, à Wiesbaden.

Société impériale d'horticulture :

MM. de Greig, président.

Ed. de Regel, vice-président.

P. E. de Wolkenstein, secrétaire.

Institut des mines :

M. C. Gobi, prof. de botanique.

Institut technologique :

M. A. Grigorieff, prof. de botanique.

École de commerce :

M. G. Selheim, prof. de sciences naturelles.

Jardins de la Cour :

MM. Katzer, inspect. des Jardins de la Cour à Pawlovsk, près St-Pétersbourg.

Muller, H. C. Sparmann, Freundlich, Sohrt, jard. de la Cour, à Tsarskojë-Selo, près St-Pétersbourg.

Botanistes :

MM. Dr Carl Friedrich (*Lichens*).

C. Mereschkowski (*Diatomées*).

Abo, *Finlande.*

M. C. J. Arrhenius, prof. de bot. au lycée de l'Etat (*Fl. de Finlande*).

Aland, *Finlande.*

M. J. O. Bomansson (*bryologue*).

Borga, *Finlande.*

M. J. E. Strömborg, prof. de bot. au lycée de l'Etat.

Dorpat, (DERPT), *Livonie.*

MM A. de Bunge, prof. émér. de bot.

Dr Edmond Russow, prof. ord. de bot. à l'Univ., dir. du Jard. bot.

H. C. Bartelsen, jard. en chef du Jard. bot.

. . . ., conserv. de l'Herbier de la Soc. des natural. de Dorpat.

A. Bruttau (*Lichens*).

Gerhard Pahnsch, Oberlehrer.

Ekaterinbourg, *Perm.*

M. O. Clerc, secrét. de la Soc. des natur. (*Flore du gouv. de Perm*).

Elisawetgrad, *Cherson.*

M. E. de Lindemann (*Fl. de la Nouvelle-Russie*).

Evois, *Finlande.*

MM. A. G. Blomqvist, dir. de l'École forestière.

E. Furuhjelm, prof. à l'École forestière.

Gamba-Karleby, *Finlande.*

M. F. Hellström, docteur en médecine.

Heinola, *Finlande.*

M. E. F. Lachström (*Mousses, Hépatiques*).

Helsingfors, *Finlande.*

MM. S. O. Lindberg, prof. de bot. à l'Univ., dir. du Jard. bot.
Dr J. P. Norrlin, prof. extr. de bot.
E. Vainio, docent de bot.
F. Elfving, docent de bot.
R. Hult, aide-botaniste au Musée.
A. O. Kihlman, attaché au Musée de bot.
A. Arrhenius, attaché au Musée de bot.
Th. Saelen, prof. de médecine.
M. Brenner, professeur.
K. J. V. Unonius, prof. de bot. au lycée de l'Etat.
V. F. et A. H. Brotherus, botanistes-voyageurs (*Fl. du Caucase*).
K. H. Bockström, jard. en chef du Jard. bot.
A. J. Mela.
R. B. Envald Nylandsgatan, 23.
J. A. Flinck.
H. Hollmén.

Illiinsk, *près Moscou.*

M. J. Voigt, jardinier de la Cour.

Jaroslaw.

M. Andr. Petrowsky, présid. de la Soc. des naturalistes.

Karis, *Finlande.*

M. le baron E. Hisinger.

Kazan, *Kazan.*

MM. Dr N. Lewakowsky, prof. de bot. à l'Univ., dir. du Musée botanique.
N. W. Sorokin, prof. de bot. à l'Univ., dir. du Jard. bot.
S. Smirnoff, conserv. du Musée bot. (actuell. au Khanat de Khokand).
Porfir. Krylow, jard. en chef du Jard. bot. (*fl. de l'Oural*).

Kharkoff ou **Kharkow.**

MM. Ad. Pitra, prof. de bot. à l'Univ., dir. du Jard. bot.
Dr L. Cienkowski, prof. de bot. à l'Univ.
L. Reinhardt, conserv. des collect. bot.
Staats, jardinier en chef du Jard. bot.
N. Sredinski (*fl. du Caucase*).

Kiew (KIEFF).

    MM. Dr J. Schmalhausen, prof. de bot. à l'Univ. et dir. du Jard. bot.

        J. Baranetzky, prof. de physiol. vég. à l'Univ.

        G. Schnée, jard. en chef du Jard. bot.

        Staudigel, jard. de la Cour.

Kittilä, *Finlande.*

    M. F. Silén (*Fl. de la Laponie*).

Livadia, *Crimée.*

    M. Lang, jardinier de la Cour.

Lublin, *Pologne.*

    MM. Dr Léon Nowakowski, dir. de l'Ecole technique (*mycologue*).

        Karo, pharmacien.

Moscou (MOSKAU, MOSKWA).

    MM. Dr J. Gorojankin, dir. du Jard. bot.

        M. Wobst, inspecteur du Jard. bot.

        D. Anutsin, secrét. de la Soc. imp. russe d'acclim.

        S. Excel. le Conseil. int. Alex. Fischer de Waldheim, présid. de
la Soc. imp. des Naturalistes.

        S. Excel. le Conseiller d'Etat Dr C. Renard, vice-présid. de la
Société imp. des Naturalistes, Miloutinskoï Péréoulok, mai-
son Askarkhanoff.

        Pier. Fél. Maïévsky, memb. de la Soc. imp. des Naturalistes.
(*morphologie*).

        Victor Dim. Méschaïev,   ″   ″   ″

        Timiriazeff, prof. de bot. à l'Univ. et à l'Acad. d'agric. de
Petrovsky-Razoumovsky, près de Moscou (*physiologie*).

        Dr Tichomorow, docent de botanique.

        R. Schroeder, jard. en chef à Petrowsky.

        Ahscharumow, présid. de l'École de la Soc. d'hort. de Studenez
près Moscou.

        Popandopulo, secrétaire de la Soc. d'hort.

        J. Tschistiakoff (*Anatomie*).

        Mme Olga Fedchenko (*Flore de l'Asie centrale*).

Mustiala, *Finlande.*

    M. Dr P. A. Karsten prof. de bot. à l'Institut agron. (*mycologue*).

Nikita, près Yalta, *Crimée.*

    M Basarow, dir. du Jard. et de l'École de viticult. à Magaratsch.

MM. Claussen, jard. en chef de l'École de viticulture.
A. Salomon, chimiste, prof. de viticulture.

Nouvelle-Alexandrie (NOWA-ALEXANDRYA), près Lublin, *Pologne.*
M. Dr. F. Berdau, prof. à l'Inst. agron.

Odessa, *Cherson.*
MM. Dim. Alex. Koschevnikoff, prof., dir. du Jard. bot. (*Fl. de la Russie d'Europe*).
R. Rudolph, jard. en chef du Jard. bot.

Ouman, *Kiew.*
M. L. Scrobichewsky, dir. du Jardin de l'Ecole horticole.

Riga, *Livonie.*
MM. Dr R. Reinh. Wolff, prof. à l'école polytechn. (*mycologue*).
Dr Buhse, présid. de la Soc. d'hort. (*plantes de Perse*).

Sarepta, *Saratow.*
M. A. Becker (*collecteur de plantes*).

Sebastopol, *Crimée.*
M. Ant. Nedzelsky, spécialiste du gouvernement pour viticulture.

Tiflis, *Géorgie.*
MM. G. Radde, dir. du Musée du Caucase.
W. Scharrer, dir. du Jard. d'acclim.
Jegorow, jardinier de la Cour.
Mich. Smirnoff, insp. des écoles (*fl. du Caucase*).

Varsovie (WARSZAWA, WARSCHAU), *Pologne.*
MM. Dr A. Fischer de Waldheim, prof. de bot. à l'Univ., dir. du Jard. bot. (*Ustilaginées, flore de Pologne*).
L. Rischawi, prof. de physiol. vég. à l'Univ.
J. Alexandrowicz, anc. prof. à l'Univ.
L. Majehrowski, assist. de bot. à l'Univ.
H. Cybulski, jard. en chef du Jard. bot.

Vasa, *Finlande.*
M. H. Hielt, prof. au lycée de l'Etat.

Viborg, *Finlande.*
M. J. H. Nervander, prof. de bot. au lycée de l'État.

Wilna,
M. Jul. Schell.

SERBIE (SERVIE, SYRP).

Belgrade.

MM. Dr Jos. Pančič, prof. de bot. à l'Univ., dir. du Jard. bot. (*fl. de Serbie, Montenegro, Bosnie, Hongrie mérid.*).

Dr Ubarkic, assist. au cab. bot. de l'Univ.

E. Derocco, Kastricotova ulica n° 36.

M. Valenta.

Nyssa, près Belgrade.

M. Dr Sava Petrovic, médecin militaire.

Pozarevatz.

M. Szavits, prof. à l'école forest. et agron.

ROYAUME DE SUÈDE ET NORWÈGE. (SCANDINAVIE).

SUÈDE (SVERIGE, SCHWEDEN, SUECIA).

Stockholm (Holmia), *Svearike.*

Académie royale des sciences :

MM. Dr J. E. Areschoug, membre, prof. émer. de l'Univ. d'Upsal (*Algologie*).

Dr Hj. Helmgren, membre, prof. à l'Ecole sup. de technologie (*Bryologie*).

Dr V. B. Wittrock, membre, professeur.

Muséum d'histoire naturelle de l'Etat (Naturhistoriska Riksmuseum):

MM. Dr V. B. Wittrock, prof., dir. général. (*Algologie et Morphologie*).

C. F. Nyman, conserv. de l'Herbier, Brunkebergs torg, 2. (*Fl. de l'Europe*).

Dr Hj. Mosén, conserv. des collect. brésiliennes. (*Bryologie et Fl. du Brésil*).

Académie royale d'agriculture :

MM. Dr J. Arrhenius, prof.

Dr Jac. Eriksson, botaniste au champ d'expériences, lect. adj. de bot. à l'Ecole sup. de l'Etat, co-rédact. de la *Svenska Trädgårdsföreningens Tidskrift (Mycologie et Physiologie).*

E. Lindgren, chef du Jardin, réd. de la *Tidning för Trädgårds-odlare.*

Jardin royal d'Haga.

M. A. Werner, directeur du Jardin.

Société suédoise d'horticulture :

M. A. Pihl, chef du Jardin et de l'Ecole, co-réd. de la *Svenska Trädgårdsföreningens Tidskrift.*

Botanistes :

MM. Dr S. A. Almquist, lecteur de bot. à l'Ecole sup. de l'Etat. (*Lichens*).

C. J. Lalin, lect. adj. de bot. à l'Ecole sup. de l'Etat.

T. O. B. N. Krok, lect. adj. de l'Ecole inf. de l'Etat, St-Pauls-gatan, 12 (*Valérianées ; litt. botan. suédoise*).

Dr N. G. W. Lagerstedt, lect. adj. de l'Ecole inf. de l'Etat, (*Diatomées*).

Dr A. G. Nathorst, géologue au bureau géolog. (*pl. fossiles*).

K. F. Thedenius, lect. de bot. à l'Ecole sup. de l'Etat.

P. M. Lundell, lecteur adj. de bot. à l'Ecole inf. de l'Etat (*Algologie*).

Alex. Skånberg, Drottninggatan, 74. (*coll. bot.*).

G. Lagerheim, Riddare gatan, 27 (*Algologie*).

Dr J. A. Leffler (*Spergularia, Rosa*).

Dr G. Tisellius, lect. adj. de bot. à l'école inf. de l'Etat (*Pota-mogeton*).

Dr M. A. Lindblad (*Mycologie*).

Dr E. V. Ekstrand (*Bryologie*).

Arboga, *Nerike.*

M. Dr J. E. E. Aerling, lect. adj. de bot. à l'Ecole inf. de l'Etat (*Linneana*).

Arbrå.

M. E. Collinder.

Avesta, *Dalarne.*

M. C. Indebetou, pharmacien (*Salix et coll. bot.*).

Calmar, *Smäland.*

> M. Dr K. J. Lönnroth, lect. de bot. à l'Ecole sup. de l'Etat.

Carlskrona, *Blekinge.*

> J. W. Ankarcrona (*coll. bot.*).
> J. F. E. Svanlund (*coll. bot.*).

Carlsskoga, *Vermland.*

> M. C. O. Reuterman, médecin (*coll. bot.*).

Carlstad, *Wermland.*

> M. Dr L. M. Larsson, lect. de bot. à l'Ecole sup. de l'Etat.

Christianstad, *Skåne.*

> M. Dr L. Wahlstedt, lect. de bot. à l'Ecole sup. de l'Etat (*Characées*).

Dref, *près de Wexiö*

> M. Hyltén-Cavallins (*coll. bot.*).

Fahlun, *Dalarne.*

> M. Dr P. G. E. Theorin, lect. de bot. à l'Ecole sup. de l'Etat,
> (*Anatomie et Mycologie*).

Gefle, *Gestrikland.*

> MM. Dr R. Hartman, lect. adj. de bot. à l'Ecole sup. de l'Etat (*bryolog.*).
> C. O. Schlyter, présid. du tribunal. (*coll. bot.*).

Göteborg, *Westergötland.*

> MM. Dr A. P. Winslow, lect. adj. de bot. à l'Ecole sup. de l'Etat
> (*Roses*).
> C. Löwegren, dir. du Jard. de la Soc. d'hort.

> *Société royale des sciences et belles-lettres :*
> MM. Dr C. J. Lindeberg, lect. de bot. à l'Ecole sup. de l'Etat
> (*Hieracium*).
> Dr R. Fries, médecin (*Mycologie*).
> Dr J. A. Leffler.

Helsingborg, *Skåne*

> M. Dr P. W. Strandmark, lect. adj. de bot. à l'Ecole sup. de l'Etat.

Hudiksvall, *Helsingland.*

> M. Dr J. A. Wiström, lect. adj. à l'Ecole sup. de l'état.

Jönköping, *Smaland.*

M. Dr H. W. Arnell, lect. de bot. à l'École sup. de l'Etat (*Bryologie*).

Linköping, *Östergötland.*

M. Dr N. C. Kindberg, lect. de bot. à l'Ecole sup. de l'Etat.

Kalmar.

M. Dr R. J. Lönnroth.

Karlskrona, *voir* Carlskrona.

Lund (LONDINUM GOTHORUM), *Skane.*

Université :

MM. Dr F. W. C. Areschoug, prof. de bot., dir. du Jard. bot. (*Anato-mie, Morphologie, Rubus*).

Dr B. Jönsson, botanices docent (*Anatomie*).

Dr C. F. Otto Nordstedt, conserv. du Musée de bot., réd. du *Botaniska Notiser* (*Desmidiées, Characées*), à Strömberg près Enköping.

N. Hjalmar Nilsson, aide bot. au Jard. bot., cand. en phil., réd. de la *Skanska Trädgardsföreningens Tidskrift.*

É. Ljungström, cand. en phil. aide bot. au Jard. bot.

R. Christensen, jard. en chef du Jard. bot.

Dr L. Neuman (*Anatomie*).

Société royale physiographique :

M. Dr J. G. Agardh, membre, prof. émer. de bot.

Dr F. W. C. Areschoug, membre, professeur.

Dr C. F. O. Nordstedt, membre.

Malmö, *Skane.*

M. Dr T. A. L. Grönvall, lect. de bot. à l'Ecole sup. de l'Etat (*Bryologie*).

Nora, *Westmanland.*

M. C. J. R. Elgenstjerna (*coll. bot.*).

Norrköping, *Östergötland.*

M. Dr J. Hulting, lect. adj. de bot. à l'Ecole sup. de l'Etat (*Lichens*).

Örebro, *Nerike.*

MM. Dr C. Hartman, lect. de bot. à l'Ecole sup. de l'Etat (*bryologie*).
Dr P. J. Hellbom, lect. adj. de bot. à l'Ecole sup. de l'Etat (*Lichens*).
Dr Fr. Elmquist.

Pitea, *Norrland.*

M. Dr C. Håkanson, médecin (*Salix*).

Skara, *Westergötland.*

M. K. B. J. Forssell (*lichénologie*).

Skelleftea, *Vesterboten.*

M. Dr G. Geete, médecin (*Coll. bot.*).

Sköfde, *Westergötland.*

M. E. J. S. Linmarsson, lect. adj. de l'Ecole inf. de l'Etat.

Skogstorp, *Södermanland.*

M. O. G. Blomberg.

Sundsvall, *Medelpad.*

M. S. Axell, député à la 2ᵉ Chambre (*Physiologie*).

Ultuna, *Upland.*

M. Dr H. von Post, prof. de chimie agric. et de géolog. à l'Institut d'agric. (*pl. cultivées*).

Upsala, *Upland.*

Université et Jardin botanique :

MM. Dr Th. M. Fries, prof. de bot., dir. du Jard. bot. (*Lichénologie*).
Dr S. Berggren, prof. extr. de bot. (*Bryologie et Fl. de la Nouv. Zélande*).
Dr F. R. Kjellman (*Algues et flore polaire*).
Dr A. N. Lundström, botanices docent (*Salix et Anatomie*).
N. F. Ahlberg, conserv. du Musée de botanique, lect. adj. de bot. à l'Ecole sup. de l'Etat.
K. F. Dusén, aide-botaniste au Jard. bot.
F. Pettersson, jard. en chef du Jard. bot.
E. Adlerz (*Anatomie*).

Société royale des sciences :

MM. Dr Th. M. Fries, membre, professeur.
Dr P. T. Cleve, membre, prof. de chimie à l'Univ. (*Diatomées*).
Dr R. F. Fristedt, membre, prof. extr. de pharmacologie à l'Univ.

7

Botanistes :

MM. C. Alfr. Anderson, St. Persgat, 9.

C. J. Johanson, Kunsänsgatan, 18.

R. B. J. Forstell, cand. phil. *(lichénologue).*

Dr E. V. Ekstrand (*Mousses*).

Westervik, *Smaland.*

M. Dr A. A. W. Lund (*Coll. bot.*).

Wexiö, *Smaland.*

MM. Dr N. J. Scheutz, lect. de bot. à l'Ecole sup. de l'Etat (*Rosae*).

Dr K. Ahlner, lect. adj. de bot. à l'Ecole sup. de l'Etat (*Ulvacées*).

Wisby, *Gottland.*

M. O. A. Westöö, lect. adj. de bot. à l'Ecole sup. de l'Etat.

Dr C. Lénstrom.

NORWÉGE (NORVEGIA, NORGE, NORWEGEN).

Christiania.

MM. Dr F. C. Schübeler, prof. de bot. à l'Univ., dir. du Jard. bot.

Dr A. Blytt, professeur, conserv. du Musée de bot.

MM. Moe, jard. en chef du Jard. bot.

Dr Fr. Kiaer, médecin (*Mousses*).

N. Wille, Langesgade, 9 (*Algologie et Anatomie*).

Laurvig.

M. J. M. Norman (*Fl. Norw. arct.*).

Lödingen, *Nordland.*

MM. Foslie (*Algues marines*).

Throndhjem (Drontheim).

M. Dr C. Kindt, médecin (*Lichens*).

CONFÉDÉRATION SUISSE (HELVETIA, SCHWEIZ, SVIZZERA).

Aarau, *Argovie.*
> M. R. Buser, cand. phil., Graben, 217 (*Salix*).

Bâle (Basilea, Basel en all.).
> MM. Dr H. Vöchting, prof. ord. de bot. à l'Univ. et dir. du Jard. bot.
> W. Krieger, jard. en chef du Jard. bot.
> Dr Christ, botaniste, 5, rue de l'Arbre (*Roses et Géogr. bot.*).

Berne, (Bern, en all.).
> MM. Dr L. Fischer, prof. ord. de bot. à l'Univ., dir. du Jard. bot.
> Dr Perrenoud, priv. doc. de pharmacognosie.
> A. Severin, jard. en chef du Jard. bot.
> Guthnick, pharmacien.

Chaumont, *Neuchâtel.*
> M. Eugène Sire, instituteur.

Coire (Curia Rhœtorum; Cuero en ital.; Chur en all.), *Grisons.*
> MM. Brügger, professeur.
> Dr Killias.
> Dr Anderegg, professeur.

Corcelles, *près Neuchâtel.*
> MM. Dr P. Morthier, mycologue, dir. de la *Soc. helv. pour l'échange des plantes.*
> B. Jacob.

Couvet, *Neuchâtel.*
> M. Dr J. Lerch.

Diemerswyl, *près de Berne.*
> M. Charles Leutwein (*Campanula Leutweini* Heldr.).

Dietikon, *près de Zurich.*

   M. G. Weber, Sehundarlehrer.

Genève (GENEVA; GENF, en all.).

   MM. Alph. de Candolle, associé étranger de l'Institut de France, Cour
      St.Pierre, 3.

   Casimir de Candolle, rue Massot, 11.

   Thury, professeur de botanique à l'Université.

   Edmond Boissier, rue de l'Hôtel-de-Ville, 4 et à Valleyres, près
      Orbe (*Vaud*).

   Daniel Rapin, route de Carouge.

   Dr Jean Müller (*d'Argovie*), prof. à l'Univ., conserv. des herbiers
      de Candolle et de Delessert, directeur du Jardin botanique,
      boulev. des Philosophes, 8 (*Lichens*).

   Bernett, conserv. de l'herbier Boissier.

   H. Correvon, jardinier en chef du Jard. bot.

   W. Nitzschner, jard. en chef des promenades de la ville.

   Dr J. E. Duby, ancien pasteur, bryologue et mycologue, rue de
      l'Evêché, 5 (ou à Gachet, *Vaud*).

   Marc Micheli, propriétaire au Crest-Jussy, près Genève.

   Alfred Deséglise, botaniste, rue Thalberg, 4 (*Roses, Menthes*).

   Dr Louis Bouvier, à Lancy (*Fl. de la Suisse et de la Savoie*).

   Guinet, 56 route de Carouge, à Plainpalais, près de Genève.

   Henri Romieux.

   A. Schmidely, 4, rue Bonivard.

   Brun, prof. de matière médicale (*Cryptogames*).

   P. Chevenard, avenue de Grenade. (*coll. bot.*).

   Silvio Calloni, attaché aux herbiers Delessert et De Candolle.

Hottingen, *près de Zurich.*

   MM. R. Lehmann, Zelltweg, 56.

      Dr G. Winter (jusqu'au 1er avril 1882 à Leipzig).

Lausanne, *Vaud.*

   MM. Favrat, professeur.

      Schnetzler, professeur de botanique.

   Melle Rosine Masson, place St-François (*Flore Suisse*).

Mettmenstetten, *Zurich.*

   M. Dr Hegetschweiler.

Neuchâtel (Neuenberg en all.).

   M. Fritz Tripet, instituteur.

Neuveville (NEUENSTADT), *Berne*.
M. V. Gibollet.

Riesbach, *près de Zurich*.
M. P. Culmann.

Rolle, *Vaud*.
M. L. Leresche, ancien pasteur.

St.-Gall.
M. Dr B. Wartmann.

Sitten ou **Sion,** *Valais*.
M. Wolf, professeur.

Soleure (SOLOTHURN en all.).
M. J. Probst, jard. en chef du Jard. bot.

Valleyres, près Orbe, *Vaud*.
M. William Barbey (*Herbier Reuter*, etc.).

Vevey, *Vaud*.
MM. Emile Burnat, propriétaire à Nant-sur-Vevey.
Gremli, conserv. de l'herbier Burnat.

Winterthur.
M. Hans Siegfried, Wartstr., 660.

Zermath, *Valais*.
M. Etienne Biner, collecteur.

Zurich (TURICUM).
MM. Dr O. Heer, prof. ord. de bot. à l'Univ. et dir. Jard. bot.
Dr C. Cramer, prof. de bot. au Polytechnicum, priv. docent à l'Univ. Adlerburg,
Dr Arnold Dodel-Port, prof. extr. à l'Univ. et à l'Éc. polytechn.
Carl Schröter, priv. doc. et assist. de bot. à la section agricole du Polytechnicum.
Jacob Jaeggi, priv. doc. au Polytechnicum et cons. des coll. bot.
Ed. Ortgies, inspecteur de Jard. bot.
Dr Rothpletz, Villa Falkenstein (*Paléont. vég.*).
F. Käser, instituteur, Sihlstr., 45.
Mme Caroline Dodel-Port (*Iconographie bot.*).

AFRIQUE.

ÉGYPTE (AEGYPTUS, EL-MISR).

Le Caire (CAIRO, MASR-EL-ZAHIRAH).
    MM. Gastinel-Bey, dir. du Jardin bot. de l'Hôpital.
      Dr C. Gaillardot, dir. de l'École de médecine.
      Dr George Schweinfurth, professeur, anc. voyag. en Afrique.

Alexandrie (ISKANDERÎA).
    MM. Letourneux, juge.
      Planta.

ZANZIBAR (AFR. ORIENT.).

Zanzibar.
    Sir John Kirk, consul. (*Flor. trop. afric.*)

COLONIES FRANÇAISES.

ALGÉRIE (MAURITANIA).

Alger.
    MM. Dr Louis Trabut, prof. d'histoire natur. à l'Ecole sup. de médecine,
      Cité Bisch, 52.
      A. Battandier, prof. de matière médicale à l'Ecole de médecine
      et pharmacien en chef à l'hôp. de Mustapha.
      Ch. Rivière, dir. du Jard. d'accl. du Hamma.
      Pomel, dir. de l'Ecole des sciences.
      Godefriu, maître de conférences à l'Ecole des sciences,
      Durando, prof. de bot. rurale.
      Schmitt, pharmacien principal de l'armée.

Arzew, *prov. d'Oran.*
    M. Alfred Panisset, docteur en médecine.

Bône.

> M. Dr Hagenmuller.

Constantine.

> M. D. Reboud, médecin-major de 1re classe, au 3e régiment des tirailleurs.

Oran.

> MM. A. Papier, conservateur du Musée.
> O. Debeaux, pharmacien en chef à l'hôpital militaire.

ILE DE LA RÉUNION.

St-Denis.

> MM. Richard, dir. du Jard. bot.
> Jacob de Cordemoy.

GABON.

> M. Herm. Soyaux, botaniste.

COLONIES ANGLAISES.

CAP-DE-BONNE-ESPÉRANCE (C. B. S.).

Cape-Town.

> MM. Mac Owan, dir. du Jard. bot., prof. au Collège Sud.-Afric., conserv. de l'Herb. du Gouvern.
> H. Chalwin, jard. en chef.
> R. Trimen, F. L. S., curator of the South African Museum.
> R. Templeman, chef du service des graines.
> Dr John Shaw.
> Henry Bolus, F. L. S.
> J. S. Lister, jun., superintend. des plantations (*Cape Flats*).

Graaf Reinet.

> M. J. C. Smith, jard. en chef du Jard. bot.

Graham's-Town.

> M. Ed. Tidmarsh, jard. en chef du Jard. bot.

Knysna.
> M. le comte de Vasselot de Reyné, superintend. des forêts du Cap (*arboriculture*).

Port-Elizabeth.
> MM. Wilson, jard. en chef du parc.
> Roth, Hefti and C°, Seed Merchants and Nurserymen.

Somerset-East.
> M. D. Craib, conserv. du Musée (Herb. Mac Owan).

Uitenhage.
> M. Roth.

ILE MAURICE.

Port-Louis.
> M. J. Horne, dir. du Jard. bot.

NATAL.

D'Urban.
> M. Keit, superintendant du Jard. bot.

Inanda, *près de Verulam.*
> M. J. M. Wood,

COLONIES ESPAGNOLES.

CANARIES (INSULAE FORTUNATAE).

Orotava *Ténériffe.*
> MM. Wildpret, dir. du Jard. d'acclimatation.
> Dr H. Hillebrand.

Santa-Cruz, *Ténériffe.*
> M. Ramon Masferrer, médecin militaire.

Laguna, *Ténériffe.*
> M. Dr V. Perez.

COLONIES PORTUGAISES.

CONGO.

Landana.

Le P. Duparquet, superintend. de la mission française.

AMÉRIQUE SEPTENTRIONALE.

ÉTATS-UNIS (UNITED STATES).

DISTRICT OF COLUMBIA (D. C.).

Washington.
MM. Spencer Fullerton Baird, secretary of the Smithsonian Institution
Dr J. S. Billings (*Champignons*).
Prof. J. W. Chickering Jr, Deaf Mute College (*pl. Colomb. et Appalach.*).
Dr Josiah Curtis (*Microscop.*).
Prof. F. V. Hayden, (*pl. du Missouri sup.*).
Dr W. J. Hoffman, 509 7th St. N. W.
Rudolph Oldberg, German National Bank (*Mousses*).
Wm. Saunders, Dept. of Agric. (*Pl. cultiv.*).
W. H. Seaman, Dep. of Agric. (*Cryptogames*).
W. R. Smith, U. S. Bot. Garden.
Thomas Taylor, Dept. of Agric. (*Pathologie*).
Dr Georges Vasey, botanist of the Dept. of Agric. (*Graminées, Cypéracées*).
Warde, Lester F., A. M., 1464, Rhode Island Ave.

ALABAMA.

Mobile.
M. Charles Mohr, Box 1277 (*Mousses*).

ARIZONA.

Florence.
M. Harkness, S. J. (*mycologue*).

ARKANSAS (ARK).

Fayetteville.
M. F. L. Harvey, prof. Ark. Ind. Univ. (*Composées, Graminées, Fougères*).

CALIFORNIA (CAL.).

San Francisco.

MM. Prof. Wm. Ashburner, 240, Montgomery Str. (*Diatomacées*).
Elis. Brooks, 1725, Sutterstr. (*Fougères*).
Henry G. Hanks, 1124, Greenwichstr. (*Diatomacées*).
Henry C. Hyde (*Diatomacées*).
Dr A. Kellogg, Box 2247.

Haywood.

M. Dr J. G. Cooper (*Arbres*).

Los Angeles.

M. Rév. J. C. Névin (*pl. de Californie*).

Manysville.

M. Prof. Georges R. Kleebergen.

Prattville.

Mstrss. R. M. Austin (*Darlingtonia*).

San Bernardino.

M. W. G. Wright (*Palmiers, Cactées, Fougères, Graines*).

Santa Barbara.

Mistriss R. F. Bingham (*Algues*).
Miss Helen Lennebacker (*Algues*).
MM. Elwood Cooper (*Pathologie.*).
L. M. Dimmick (*Algues*).

Santa Cruz.

M. Dr C. L. Anderson (*Algues marines, pl. Californ.*).

San Diego.

M D. Cleveland (*Fougères et Algues marines*).

COLORADO (COL.).

Canyon City.

M. Townsend S. Brandegee (*Fougères, Mousses des Mont. Roch.*).

Colorado Springs.

M. F. H. Land, Colorado College (*coll. bot.*).

CONNECTICUT (CONN.).

Fair Haven.

M. Rev. Herbert M. Denslow (*Orchidées*).

Litchfield.

M. Dr T. F. Allen (*Pl. médicin. et Characées*). (De juillet en août).

New Haven.

MM. Daniel C. Eaton, prof. de bot. au Yale College (*Alg. mar., Foug., Mousses*).

Dr Franklin W. Hall.

Plainville.

M. James N. Bishop.

Wethersfield.

M. Charles Wright (*Pl. de Cuba, du Texas et du Nouv.-Mexiq.*).

DELAWARE (DEL.).

Wilmington.

MM. Wm. M. Canby, 1101, Delaware Ave.

Christian Febiger (*Alg. microsc., Diatomacées*).

FLORIDA (FLA.).

Apalachicola.

M. Dr A. W. Chapman (*pl. du sud des E. U.*).

Fairbanks, Alachua Co.

M. Chas. S. Fellows (*Diatomacées, Algues*).

Jacksonville.

Mrs. F. A. Curtirt (*Algues*).

M. A. H. Curtiss.

New Smyrna.

M. S. A. Briggs (*Alg., Diatom. et Desmid.*).

St Augustine.

Miss Mary C. Reynolds (*coll. de pl. de la Floride*).

GEORGIA (GA.).

Augusta.

M. C. J. Berckmans (*pl. cultiv.*).

ILLINOIS (ILL.).

Athens.

M. Elisha Hall, Menard Cᵒ, botaniste et voy. coll. (*Gram., Mouss., Lich.*)

Bloomington.

MM. Lucien M. Underwood, Ph. D., prof. geol. and bot. Ill. Wesleyan Univ.

G. W. Lichtenthaler (*Conifères, Algues, Fougères*).

Canton.

M. John Wolf (*pl. fossiles*).

Champaign.

M. Arthur B. Seymour (*Fougères, Champignons*).

Chicago.

MM. E. S. Bastin, prof. bot. Univ.

H. H. Babcock, Athenaeum Academy, 11, Eigteenth Str.

Chas. S. Fellows, 38, Throop St. (*Diatomacées*).

Dr E. M. Hale (*pl. médic.*).

Isaac A. Pool, 829, Washington St. (*pl. cult.*).

B. S. Shomas, 918. Indiana Ave. (*Diatomacées*).

Ernest B Stuart, 72. Wasbach Ave.

Galesburg.

Mrs. J. V. Standish (*pl. cult.*).

Geneseo.

M. Chas. H. Ford (*Aster, Solidago, Orchidées*).

Manchester, Scott Co.

M. John C. Andras (*pl. marines*).

Normal.

M. S. A. Forbes, dir. du Musée d'histoire nat.

Oquawka.

M. Harry N. Patterson (*pl. phanérog.*).

Peoria.

M. Dr Frédéric Brendel (*pl. ligneuses*).

Peru.

M. Jos. Carter, Sup't Public Schools (*Fougères*).

Rockford.

M. M. S. Bebb (*Salix*).

Urbana.

MM. T. J. Burril, prof. bot. Ill. Indust. Univ. (*Champig. et Microscop.*).
H. S. Reynolds (*pl. de l'Illinois et Arkansas*).

INDIANA (IND.).

Bloomington.

M. Hermann B. Boisen, A. M. (*Horticulture*).

Charlestown.

M. Wm. M. Baird (*Phanérog., Fougères*).

Crawfordsville.

M. John M. Coulter, prof., Nat. Hist., édit. de la *Botanical Gazette*,
Wasbash Coll.

Dublin.

Mrs. E. A. Smith (*Mousses, Fougères*).

Greencastle.

M. J. M. Mouthfield, prof. de sc. nat.

Hope.

M. Rév. F. R. Holland (*pl. de la Jamaïque*).

Indianapolis.

M. Dr W. Webster-Butterfield, Lyc. Nat. Hist. (*Phanérog. et
Phytotomie*).

Irvington.

Mrs. Susan Bowen Jordan (*Algues marines*).

La Fayette.

Rev. John Hussey, prof. Nat. Sc., Purdie University (*Fougères*).
M. C. R. Barnes.   *"*   *"*

Logansport.

M. S. Coulter, édit. de la *Botanical Gazette* (*Arbres*), Box 1077.

New Albany.

M. C. C. Haskins (*Fougères*).

Newport.

M. Wm. Gibson (*pl. fossiles*).

Richmond.

    MM. L. B. Case, dir. du *Case's Botanical Index*, (*Phanérog.*, *Fougères*).
       W. D. Schooley, (*Fougères, Mousses, Champignons*).

IOWA (IA.).

Ames.

    M. Chas. E. Bessey, M. Sc., Ph. D. prof. Iowa Agric. Coll. (*Physiol.
    et Champign.*)

Creston Union C°.

    M. Dr T. L. Andrews (*pl. Californ.*).

Davenport.

    MM. Dr C. C. Parry (*pl. des Mont. Roch.*).
       J. G. Houpt. (*Phanérog.*, *Fougères*).

Decorah.

    M. E. W. Holway (*Phanérog.*, *Champignons*).

Dubuque.

    M. Thomas M. Irish.

Grinnell.

    M. Marcus E. Jones, professeur (*vente de pl. d'Iowa*).

Iowa City.

    M. Dr C. M. Hobby (*Algues*).

Keokuk.

    M. Dr G. E. Ehringer (*Microscopie*).

KANSAS (KAN.).

Arkansas City.

    M. James Wilson (*Fougères*).

Garnett.

    M. Wm. J. Howerton (*Phanérog.*, *Fougères*).

Ellis.

    M. Dr Louis Watson (*vente de pl.*).

North Topeka.

    M. Edwin A. Popenoe (*Composées, Graminées*).

KENTUCKY (KY.).

Farmdale.

M. R. H. Wildberger, prof. sciences nat. au Ky, Mil. Inst.

Lexington.

M. Dr William Kellermann, prof. d'agric. au Mech. College.

Louisville.

M. John Williamson, 63, Market Str. (*Fougères*).

LOUISIANA (LA.).

Baton Rouge.

MM A. Featherman, prof. Louisiana University
Dr Richardson,   *   ,,   ,,   ,,   ,, (*Fougères*).

MAINE (ME.).

Kennebunk.

Rév. C. C. Vinal (*Cult. Fougères*).

Portland.

M. Chas. B. Fuller (*Algues marines*).

Saco.

M. J. W. Hobson (*Horticulture*).

MARYLAND (MD.).

Baltimore.

MM. Dr Christopher B. Johnston (*Diatomacées*).
Capt. John Donnell Smith, 75, Park Ave. (*Mousses*).
Prof. W. E. A. Aiken, M. D., L. L. D. (*Phanérogames, Fougères*).
Edw. S. Burgess, A. B., John Hopkins Univ.
Frank Smith, Lexington St. (*Horticulture, Fougères*).

Frostburg.

M. John F. Tegen (*pl. cult.*).

Mount Savage.

Rév. John W. Nott. (*pl. Mont.*).

MASSACHUSETTS (MASS.).

Amherst.
MM. Ed. Tuckerman, prof. de bot. (*Lichens*).
W. S. Clark, Pres. of the Agric. Coll. (*Horticulture*).
S. T. Maynard, prof. at the Mass. Agr. College.

Ashland.
Rev. Thomas Morong (*Potamogeton*).

Berlin.
Rév. Erastus S. Wheeler (*Phanérog., Fougères, Mousses*).

Boston.
MM. Wm. Boott (*Graminées, Cypéracées, Fougères*).
R. C. Greenleaf, 28, Newberry St. (*Diatomacées*).
Miss Charlotte W. Hawes, 9, Alston Str. (*Algues*).
MM. E. H. Hitchings, 40, Chambres St. (*Fougères*).
F. S. Plimpton, Box 1036 (*Fougères*).
Waldo Ross, 159, Devonshire Str. (*Cactées*).
Chas. J. Sprague, Globe Nat. Bank (*Lichens*).
F. F. Stanley, 40 Pearl St. (*Diatomacées*).
Chas. Stodder, 131, Devonshire St. (*Diatomacées*).
Samuel Wells, 31, Pemberton Square (*Diatomacées*).
Edward H. Whorf (*Fougères*).
C. H. Hovey, 22 Tremont St. (*Fougères, Mousses, Horticult.*).
S. E. Cassino, Bookseller, editor of *the Naturalists' Directory*, 299. Washington Street.

Brookline.
M. Charles S. Sargent, prof. d'arbor. à l'Univ. Harvard, dir. de l'Arboretum.

Cambridge.
MM. Dr Asa Gray, prof. de bot. à l'Univ. Harvard, coll. de l'*American Journal of Science* (New Haven, chez Dana).
Dr G. L. Goodale, prof. de bot. à l'Univ. Harvard et dir. du Jard, bot.
Sereno Watson, conserv. de l'Herbier de l'Univ.
Dr W. G. Farlow, prof. de bot. à l'Univ. Harvard (*cryptogamie*).
Dr W. P. Wilson, Botanic Garden (*Physiol. vég.*).
R. W. Greenleaf, Botanic Garden.

MM. J. Warren Merrill, 400, Broadway (*Fougères*).
Wm. Tretcase, 23 Elsworth Ave.
Thos. P. James, 94 Brattle St. (*Mousses*).

Cambridgeport.

M. J. Warren Merrill, 400, Broadway (*Fougères cult.*).

Concord.

Miss Eliza Hosmer (*Fougères*).

Danvers.

MM. Samuel P. Fowler (*Arbres*).
John H. Sears (*Arbres*).

East Hampton.

Rev. Mrs. S. T. Seelye (*Algues marines*).

East Templeton.

M. V. P. Parkhurst (*Fougères*).

Gloucester.

Mrs. H. A. Cochrane (*Algues marines*).
Abbie L. Davis (*Algues marines*).

Grantville.

M. Isaac Sprague, botanical artist.

Hingham Centre.

M. Fearing Burr (*Horticulture*).

Longmeadow.

M. W. A. Booth (*Algues marines, Diatomacées*).

Lynn.

MM. Irving T. Guild (*Fougères*).
Cyrus M. Tracy (*Fougères*).
John G. Barker, (*Horticult., Orchidées*).

Malden.

M. Frank S. Collins, Box 55 (*Algues, Fougères*).

Medford,

M. Geo. E. Davenport (*Fougères*).

New Bedford.

MM. Robert Ingraham (*Cryptogames*).
Henry Willey (*Lichens*).
Edw. Haskell (*Orchidées, Fougères*).

North Adams.

M. S. Procter Thayer (*pl. vénén.*).

Salem.

MM. Rev. E. C. Bolles (*cryptogames*).

Geo. D. Phippen (*pl. cult. de l'Amér. sept.*).

C. A. Putnam (*pl. cult.*).

John Robinson, prof. de bot. et de physiol. vég. de la Soc. d'hort. du Massachusetts (*Fougères*).

Hugh Wilson (*Fougères cult.*).

James H. Emerton, dir. du Museum de la Peabody Academy of Science.

Somerville.

M. Chas. E. Hobbs, Winter Hill (*Diatomacées*).

South Hadley.

Miss Lydia W. Shattuck (*Fougères*).

South Natick.

M Wm. Edwards (*Fougères*).

Southwick.

M Edw. Gillett (*cult. de pl. indig.*).

Springfield.

MM. J. H. Pillsbury (*Fougères*).

E. S. Starr (*Fougères, Mousses, Lichens*).

Joseph M. Wade (id   id.   id.)

A. Miellez, horticulteur (*Fougères*).

M. L. Owen.

Taunton.

Rev. A. B. Hervey (*Cryptogames*).

Waltham.

M. Dr R. S. Warren (*Diatomacées*).

West Gloucester.

Mrs Maria H. Bray (*Algues marines*).

Williamstown.

M. Paul A. Chadbourne, présid. de William's College.

Worcester.

Miss Emily Sargent (*Fougères*).

M. Prof. T. E. N. Eaton, Box 421.

MICHIGAN (MICH.).

Ann Arbor.
MM. Mark W. Harrington, prof. de bot. à l'Univ. Mich. (*pl. du Colorado et Alaska*).
Spalding, ass. prof. bot. Univ. Mich.

Détroit.
M. F. W. Higgins (*Iconogr. bot.*).

Houghton.
M. Arthur Hollick.

Hubbardston.
MM. Erwin, F. Smith.
Charles F. Wheeler (*Cypéracées, Graminées*).

Lansing.
M. Wm. J. Beal, prof. of bot. and hort. at the Agric. Coll.

South Haven.
M. L. H. Bailey, Jr.

MINNESOTA (MINN.).

Minneapolis.
MM. Dr A. E. Johnson (*Champignons*).
J. C. Kassube, 1121,4th St.
Wm. H. Leonard (*Fougères*).

St Cloud, Stearns Co.
M. Rév. E. V. Campbell (*Fougères*).

MISSISSIPPI (MISS.).

Enterprise Clark Co.
M. Rév. E. S. Robinson.

MISSOURI (MO.).

Kirsksville.
M. Chas. H. Ford, prof. nat. Sc., State Normal School (*Aster, Solidago, Orchidées, Fougères*).

St-Louis.

MM. H. Eggert, 918, Wash. Str. (*Algues, exsicc. du Missouri*).

Dr George Engelmann, 3003, Locust St., membre de l'Acad. des sciences de St-Louis, (*Vitis, Cactées, Loranthacées, Quercus, Conifères, Yucca*).

J. Monèlln, Missouri Botanical Garden.

Henry Shaw (*pl. cult.*).

Wm. Muir, Fox Creek (*Horticulture*).

Springfield.

MM. Dr T. U. Flanner (*Diatomacées*).

Edw. M. Shepard, prof. Nat. Sc. Drury College (*Cryptog. vasc.*).

NEBRASKA (NEB.).

Lincoln.

M. Samuel Anghey, professeur.

Tahoe House, Virginia.

M. Dr F. H. Engels (*Diatomacées*).

NEW HAMPSHIRE (N. H.).

Hanover.

MM. C. H. Hitchcock, prof. Geol., Dartmouth Coll., dir. de *The Americ. quarterly microsc. Journal.*

Rév. Henry G. Jesup, prof. de bot. à Dartmouth College.

Miss Mary Hitchcock (*Fougères*).

NEW JERSEY (N. J.).

Atco.

M. H. A. Green.

Camden,

MM. Frederick Bourquin (*Fougères*).

Isaac C. Martindale, Nat. State Bank.

Chas. F. Parker, 524 No, 2ᵈ St. (*Bot. of N. J.*).

Closter.

M. Milton Turnure (*Algues, Diatomacées*).

East Orange.

M. J. L. Mann, Box 45 (*Horticulture*).

Franklin.

M. H. H. Rusby (*Embryologie vég.*).

Hoboken.

M. Dr Charles G. Ende, 268, Washington St. (*Algues*).

Montclair, Essex Co.

M. Walter M. Wolfe, secretary of the North-Jersey Bot. Club.

Newfield.

M. J. B. Ellis (*mycologue*).

North Hoboken.

M. Dr Chas. Siedolf (*pl. cult.*).

Passaic.

MM. Martin Eiche (*Graminées*).

     Geo C. Woolson (*pl. cult.*).

Plainfield.

M. Frank Tweedy (*Fougères*).

Ridgewood.

M. A. S. Fuller (*pl. cult.*).

Trenton.

M. Will. S. Lee, 212 E. Front St.

Verona.

M. Henry H. Rusby, présid. of the North-Jersey Botanical Club.

Vineland.

MM. Rév. Wm. Pittinger (*Microscop.*).

     E. C. Bidwell, M. D. (*Champignons*).

Mrs Mary Treat.

NEW MEXICO.

Silver City.

M. Edward L. Greene.

NEW YORK.

Astoria.

Rév. Washington Rodman (*Champignons*).

Albany.

M. Chas H. Peck, State Botanist, 242 Madison Ave (*Champignons*).

Mary C. Sampson, 157, Lancaster St. (*Fougères, Mousses*).

Binghamton.

M. C. F. Millspaugh, M. D, 3, Dickinsonstr.

Brockport.

M. W. H. Lennon, State Normal School (*Fougères, Lichens*).

Bronxville, Wechester Co.

M. Geo. R. Allerton (*coll. de pl. viv.*).

Brooklyn.

MM. Horace Averill, 466, Bedford Ave (*Algues marines*).

Gilbert L. Hume, prof., 261, Cumberland St. (*Fougères cult.*).

Buffalo.

MM. Geo W. Clinton, prés. de la Soc. des Sc. nat. (*Champignons*).

D. S. Kellicott (*Diatomacées*), 119, Fourteenth St.

Charles Linden, professeur.

Chatham Village.

M. Dr W. C. Bailey (*Algues*).

Cazenovia.

M. Prof. G. Washington Taylor (*cryptogames*).

Community, Madison Co.

M. Alfred Barron (*Lichens, Mousses*).

Fairpont.

Miss S. E. Dowd (*Cryptogames*).

Flushing.

M. S. B. Parsons (*pl. cult.*).

Geneva.

M. H. L. Smith, prof. Hobart College (*Diatomées et Desmidiées*).

Havana.

M. Nash, professeur (*Diatomacées*).

Ithaca.

MM. A. N. Prentiss, prof. bot. Cornell University (*Fougères*).

W. R. Dudley, assist. prof. bot. Cornell University.

F. L. Kilborne (*Fougères*).

Lowman.

M. Dr Thos. F. Lucy.

Moravia, Cayuga Co.

M. Chas. Atwood (*Fougères, Mousses*).

New Baltimore.

M. Rév. J. L. Zabriskie (*Champignons*).

New Dorp, STATEN ISLAND.

M. N. L. E. M. Britton (*Cyperus*).

New York (NOVUM EBORACUM).

MM. Dr T. F. Allen, 10, E. 36 th St. (*pl. médic. et Characées*).

Eugène P. Bicknell, Riverdale.

S. A. Briggs, 143, Reade St. (*Diatomacées, Desmidiées*).

Addison Brown, 233, E. 48 th St.

Geo. W. Brown, Teacher (*Diatomacées*).

Rob. Dinwiddie, 113, Water St. (*Algues, Diatomacées*).

W. R. Gerard, 9, Waverley place (*Champignons*).

Fréd'k. Habirshaw, 6, W. 48 th St City (*Diatomacées*).

Prof. R. F. R. M. S. Hitchcock, 53 Maiden Lane, Pres. de la N. Y. Micros. Soc., Edit. du *Am. Monthly Microsc. Journal* (*Algues*).

James Hogg, 84 th St. and East River (*Cult. pl. Japon*).

Dr J. B. Holder Asst. Supt. Am. Museum, Central Park, City.

W. J. Howard, 345, Grand St. (*pl. Mont. Roch.*).

Dr Mary Putnam Jacobi, 110, W. 34 th St. (*pl. médic.*).

Dr Israel Jarvis, 125, E. 53 d St. City (*Galles*).

Dr Richard E. Kunze, 606, 3 d Ave (*Cactées*).

Wm. A. Leggett, édit. du *Bull. of the Torrey Bot. Club* et du *Botanical Directory* (*Lechea et Solidago*), 54, E. 81 st.

R. V. Le Roy, Curator of Torrey Botanical Club and Meissner Herbarium, Columbia Coll. 49 th St. and Madison Ave.

W. J. Miller, Box 1737.

Dr J. S. Newberry, président du Torrey Botanical Club. Col. Coll. 49 th St. (*Fossiles*).

Dr Geo. Thurber, 245, Broadway, City (*pl. cult. et Graminées*).

Oneida.

M. H. A. (O. C.) Warne (*Phanér. et Cryptog.*).

Penn-Yan, Yates Co.

M. Dr. Sam. Wright (*Carex*).

Poughkeepsie.

MM. Chas. N. Arnold (*Graminées*).
C. Van Brunt, 9, Waverley Place (*Diatomées et Desmidiées*).
Gindra (*Foug. et Orchid. cult.*).
Miss C. C. Haskell, Teacher of Botany Vassar College (*Fougères*).
M. Edw. H. Parker, M. D. (*Champignons*).

Pine Plains, Dutchess Co.

M. Lyman H. Hoysradt (*Fougères et Potamogeton*).

Rochester.

MM. Adrian Hubregtse, 34, Cypress St. (*Echanges*).
C. W. Seelye, Box 414 (*Fougères, Horticulture*).

Stapleton.

Miss G. N. Errington (*Sp, Staten Island*).

Suspension Bridge.

Mrs. Helen D. Hawley (*Fougères*).

Syracuse.

M. Francis E. Englehardt, professeur.
Mrs. M. J. Myers, Green et Hawley Sts. (*Fougères*).
M. Mary O. Rust, présid. du Botanical Club, 112, E. Geneese St.
(*Fougères, Mousses, Hépatiques*).

Troy.

MM. Rev. A. B. Hervey, 10, N. 2 d St. (*Algues, Mousses*).
Dr R. H. Ward, prof. of bot. Rensselaer Polyt. Inst. 53, Fourth
St. (*Microscopie*).
L'abbé P. A. Puissant, prof. St. Joseph's Prov. Sem.

Utica.

M. B. D. Gilbert (*Fougères*).

Wading River.

M. E. S. Miller.

Yonkers.

MM. Dr Elliott C. Howe (*Cypéracées, Fougères*).
R. J. Southworth (*Alg. d'eau douce et Mousses*).

NORTH CAROLINA (N. C.).

Raleigh.

M. prof. W. C. Kerr, State Geologist (*Fossiles, sp. Trias.*).

Statesville.

> M. M. E. Hyams, P. O., Box 67.

Wilmington.

> M. H. Talichet (*Pl. carnivores*).

OHIO.

Akron.

> Miss H. J. Biddlecome (*Cryptogames*).

Cincinnati.

> M. C. G. Lloyd, 180 Elmos.

Cleveland.

> M. Dr Jas. H. Salisbury, professeur (*Champignons*).

Columbus.

> M. Leo Lesquereux (*Mousses et Fossiles*).

Dayton.

> MM. William Worthner, central Highschool (*Flore d'Amérique*).
> Auguste Joerste.

Marietta.

> M. T. D. Biscoe, prof. Nat. Sc. (*Lemnacées et Hydroptérides*).

Painesville, Lake Co.

> M. Henry C. Beardslee, M. D. (*Cypéracées, Cryptogames*).

Springfield.

> Mrs. E. Jane Spence (*Cryptogames*).

OREGON (OR.).

Baker City, The Dalles.

> Rev. Dr R. D. Nevius (*pl. de l'Orégon*).

Portland.

> M. Dr J. R. Cardwell. (*Conifères*).

PENNSYLVANIA (PENN., PA.).

Beaver, Beaver Co.
M. Hugo Andriessen.

Bethlehem.

MM. Eugène A. Rau (*Mousses*).

Rev. Francis Wolle, Principal Moravian Seminary for young ladies (*Algues d'eau douce*).

Coplay.

M. A. F. K. Krout.

Easton.

M. Thomas C. Porter, prof. de bot. et de zool. au collège Lafayette.

Germantown.

M. Thomas Meehan, botanist of the Penn'a Board of Agric., réd. du *Gardeners Monthly*.

Philadelphia.

Madame Rachael L. Bodley, prof. in Women's Medical College.

MM. Prof. A. E. Foote, Naturalists, Agency, 1223, Belmont Ave (*pl. Iles Sandwich et Lac Sup.*).

Dr J. Gibbons Hunt, 123, N. 10 th St. (*Anatomie vég.*).

Isaac H. Hall, 725, Chestnut Street (*Fougères, Orchidées*).

Robert Kilvington (*pl. cult.*).

J. P. Lesley, prof., 1008, Clinton St. (*Fossiles*).

J. M. Maisch, prof. of materia med. and bot. Phil. Coll. of Pharm., 145 no. 10th. St (*Fougères*).

John H. Redfield, 216 W. Logan Square, Curator of the Philadelphia Academy (*Fougères*).

W. S. W. Ruschenberger, Acad. Nat. Sc.

F. Lamson Scribner, Girard College (*Graminées*).

Aubrey H. Smith, 435, Library St., Acad. Nat. Sc.

W. C. Stevenson, Jr. (*Champignons*), 1525, Green St.

Her. C. Wood, prof., 1706, Chesnut St. (*Algues d'eau douce*).

Richland, Centre Bucks Co.

M. Dr J. S. Moyer.

State College, Center Co.

M. W. A. Buckhout, prof. of botany.

West Chester.

MM. Benjamin Everhart (*Champignons*).

Josiah Hoopes (*Conifères*).

Halliday Jackson (*Cryptogames*).

Joseph T. Rothrock, prof. of botany at the University of Pennsylvania.

Dr George Martin (*Champignons*).

RHODE ISLAND (R. H.).

East Greenwich.

M. Joseph W. Congdon (*Phanérog.*, *Fougères*).

Newport.

M. Jas. H. Clark (*fossil. carbonif.*).

Providence.

MM Jas. H. Bennett (*Fougères*).
Dr C. B. Johnson, 186, Main St. (*Diatomacées*).
Wm. W. Bailey, prof. de bot. et conserv. de l'Herb. de Brown Univ.

SOUTH CAROLINA (S. C.).

Aiken.

M. H. W. Ravenel (*Champignons*).

Bluffton.

M. Dr J. H. Mellichamp.

Charleston.

M. L. R. Gibbes, prof. Coll. of Chem., 28, Coming St.

TENNESSEE (TENN.).

Brownsville.

M. J. R. Branham, professeur.

Knoxville.

MM. F. H. Bradley, professeur à l'Université.
Hunter Nicholson, „

Lagrange, Fayette Co.

M. Dr Wm. E. Frankin.

Nashville.

MM. Geo. S. Blackie, M. D. Ph. D., editor.
Dr A. Gattinger.

Ralston Station.

M. F. P. Hynds (*Flora of West Tenn.*).

TEXAS (TEX.).

Dallas.
 M. J. Reverchon (*Fougères et Cypéracées*).

Harrisburg.
 M. Dr J. F. Joor (*pl. de la Louis. et du Texas*).

Houston.
 Mrs M. J. Young, State Botanist.

San Antonio.
 M. Otto Ludwig. L. B. 381 (*Cactées*).

UTAH.

Salt Lake City,
 M. Edw. Benner.

VERMONT (VT.)

Earl Charlotte.
 M. C. G. Pringle (*Pl. West Verm.*).

Lunenburgh.
 M. Dr Hiran A. Cutting, prof. nat. Sc. at the Norwich Univ., State
 Geologist.

Windsor.
 M. Dr Edward E. Phelps (*pl. médic.*).

VIRGINIA (VA.).

Alexandria.
 M. Dr R. H. Stabler.

Charlottesville.
 M. Wm. M. Fontaine, prof. Geol. and nat. Hist. Univ. of Va.

Wytheville.
 M. Howard Shriver (*Solidago*).

WASHINGTON TERRITORY.

Vancouver.
 M. C. Smith, prof. Seminary.

WEST VIRGINIA.

Wheeling.

MM. Gustave Guttenberg (*Fougères fossil. et récent.*).

WISCONSIN. (WIS.)

Centreville.

M. le père Th. Bruhin (Corresp : M. Schulthess, libraire à Zurich).

Madison.

M. W. A Henry, prof. Agric. Univ. Wisc. (*Champignons*).

Merrimack, Sauk C°.

M. Wm. F. Bundy (*Champignons*).

Milwaukee.

M. Dr Lewis Sherman.

Monroe.

Miss Ada B. Bingham.

Racine.

M. Dr J. J. Davis.

NOUVELLE-BRETAGNE (BRITISH AMERICA, DOMINION OF CANADA.)

QUÉBEC.

Belleville.

M. Jonh Macoun, F. L. S., prof. of bot. Albert College (*Carex et mycol.*)

Chicoutimi, *Saguenay, Québec.*

MM. l'abbé D. O. R. Dufresne, prof. au séminaire.
     l'abbé Victor A. Huart,   ″

London, *Ontario.*

M. Dr Thos. J. W. Burgess, Ass't. Supt. Asylum for Insane.

Lottinière.

M. J. Bédard, notaire.

Montréal.

MM. Geo Barnston (*Mousses*).

J. W. Dawson, principal of the Mac Gill University (*fossiles*).

Louis D. Mignault, 155 Bluery St. (*Fougères*).

A. T. Drummond, 180, St James Street (*géogr. bot., Lichens*).

J. B. Goode (*Orchidées*).

Dr J. B. Mac Connell, prof. of bot. at the Bishop's College.

Ernest C. Saunders, prof. de bot., 11 Baile St. (*Bot. med.*).

David A. P. Watt (*pl. acrogènes*).

D. K. Mac Cord (*Fougères du Canada*).

Révérende Sœur Marie.-Joséphine, au couvent d'Hochelaga.

Ottawa, *Ontario.*

MM. Rev. A. F. Kemp, L. L. D., Prin. Ladies'Coll. (*Cryptogames*).

Henry M. Ami.

Owen Sound.

Mrs. Jessie D. Roy, Royston Park, (*Cryptogames*).

Québec.

MM. l'abbé J. D. D. Laflamme, Univ. Laval.

l'abbé L. Provancher, dir. du *Naturaliste Canadien*, 8 rue Lamon-tagne (Cap rouge).

J. B. Cloutier, prof. à l'École normale Laval.

l'Abbé Jh. Moarault, prof. au séminaire de Nicolet.

l'Abbé F. X. Burque, prof. au séminaire St-Hyacinthe.

Rév. P. Carrier, prof. au collège de St-Laurent.

St-Jean d'Eschaillons.

M. Ch. Déry.

NOUVEAU-BRUNSWICK (N. B.).

Bathurst Village.

Rév. Robert Chalmers.

Saint-John.

MM. Rév. James Fowler.

George U. Hay.

George F. Matthew, Custom House.

NOUVELLE-ECOSSE (NOVA SCOTIA) OU ACADIE (N. S.)

Halifax.

M. D. George Lawson, prof. Dalhousie College.

Windsor.

M. Henry How, professeur.

COLUMBIA.

New Westminster.

M. W. C. Cormac (*Conifères*).

ANTILLES (WEST-INDIES, INDES OCCIDEN-TALES).

COLONIES ANGLAISES.

Antigua *(Ile d')*.

M. Dr Nicolson, botaniste.

Barbade ou Barbadoes *(Ile de la)*.

M. Dr François Goding, Harmony Hall, Bridgetown.

Jamaïque *(Ile de la)* ; JAMAICA.

MM. D. Morris M. A., F. G. S., dir., Botanical Department à Gordon Town.

G. Syme, superintendant du Jard. bot. de Castleton.

J. Hart, superintendant des plantations de Cinchona.

William Harris, jard. en chef du Jard. de Kingston.

Trinidad *(Ile de la)*.

MM. H. Prestoe, dir. du Jard. bot.

T. B. Songer, Gardener, Botanic Garden.

Dr J. Court, Port of Spain.

Auguste Fendler (*Fougères*).

COLONIES DANOISES.

Ste-Croix (*Ile de*).

M. Christian Dahl.

St-Thomas (*Ile de*).

MM. H. F. A. baron Eggers (*Fl. des îles danoises*) (corr. M. Ad. Toef-fer, à Brandeburg sur le Havel (*Prusse*).

H. Chas. Calderon.

COLONIES ESPAGNOLES

Cuba (*Ile de*).

MM. José Blain, près de Santa Cruz, juridiction de San Cristobal.

Dr Sebastian Alfredo de Morales, Calle de Verlarde, 5. Matanzas.

Juan Gundlach, à Habana.

Jules Lachaume, directeur du Jard. d'acclim. de la Havane.

J. Manuel Presas, à Matanzas.

Francisco Adolfo Sauvalle, à Habana.

Porto-Rico (PUERTO-RICO) (*Ile de*).

M. Dr A. Stahl, médecin à Guayama.

COLONIES FRANÇAISES.

Guadeloupe (*Ile de la*).

M. P. Boname, dir. de la stat. agron. de la Pointe à Pitre.

Martinique (*Ile de la*).

. . . ., dir. du Jardin colonial à St-Pierre.

RÉPUBLIQUE DE HAITI.

Port-au-Prince.

MM. Dr J. B. Dehoux, dir. de l'École de médecine (corresp.: M. Viaud-Grand-Marais, place St-Pierre, 4, à Nantes).

J. Droit, prof. à l'École de médecine.

RÉPUBLIQUE DE ST-DOMINGUE (SAN DOMINGO, DOMINICA).

M. N. A. A. Nicholls, M. D.

RÉPUBLIQUE DES ÉTATS-UNIS MEXICAINS.

Mexico (MEJICO).
MM. Manuel M. Villada, prof. de botanica en el Museo Nacional.
Alfonse Herrera, présid. de la sect. bot. de la *Sociedad Mexicana de Historia natural.*
Antonio Penafiel, premier secrétaire de la *Sociedad Mexicana de Historia nutural.*
Mariano Barcena, directeur de l'Observatoire métrol. central, memb. de la *Socied. Mex. de Hist. nat.*, réd. de la *Revista cientifica Mexicana* en el *Museo Nacional.*
Jose Joaquin Arriaga, memb. de la *Socied. Mex. de Hist. nat.*
Dr Jesus Sánchez, Tresorero de la Sociedad, al Muséo Nacional.

Cordova, *Vera-Cruz.*
MM. Hugo Finck, propriétaire, memb. de la *Socied. Mex. de Hist. nat.*
Jean Tonel, horticulteur.

Merida, *Yucatan.*
M. J. Donde.

Orizaba, *Vera-Cruz.*
M. Mateo Botteri, memb. de la *Soc. Mex. de Hist. Nat.*

Puebla.
MM. Ignacio Blazquez, prof. de Historia Natural en el Colegio de Estado de Puebla.
Joaquin Idaeñz, memb. de la *Socied. Mex. de Hist. nat.*

San Luis de Potosi.
M. prof. G. Barroeta, docteur en médecine.

Tehuantepec, *Oajaca.*
M. le professeur Sumichrast.

GUATEMALA.

Guatemala.
MM. Dr Joaquim Yela, prof. d'hist. nat. et de médecine opérat. à
l'Univ.
Rossignon, dir. du Jard. des plantes.
Dr David Luna, prof. de physique et de chimie à l'Univ.
Dr José Farfau, prof. émer. à l'Univ.
Juan José Rodriguez, propriétaire.

Coban.
M. De Türckheim.

NICARAGUA.

Grenade.
M. Paul Lévy, ingénieur, memb. de la Soc. bot. de France (corresp.:
M. Margarou, rue des Rosiers, 32, à Paris).

COSTA-RICA.

S. José.
M. Carmigol, horticulteur.

AMÉRIQUE MÉRIDIONALE.

—

EMPIRE DU BRÉSIL (BRAZIL).

Rio-de-Janeiro (Flumen, Sebastianopolis),
S. M. Dom Pedro d'Alcantara, Empereur du Brésil.
MM. Dr Ladislau de Sousa Mello e Netto, dir. du Musée national
Dr Nicolau Joaquin Moreira, sous- dir. de la sect. bot. au Musée
national.
Joao da Motta Teixeira, attaché au Musée national.
Lourenço José Ribeiro da Cruz Rangel, attaché au Musée nation.
Dr Theodoro Peckolt, pharmacien et attaché au Musée nat.,
rue de Quitanda.
Dr Saldanha da Gama, prof. de bot. à l'école polytechnique.
Dr Joaq.-Monteiro Caminhoà, prof. de bot. à l'école de médec.
A. Glaziou, dir du Jardin public (Passeio publico) (corresp.:
M. E. Baillière, libraire, rue Hautefeuille, 19 à Paris).
Dr baron Guil. Schüch de Capanema, dir. du télégraphe électr.
J. Barbosa Rodrigues, secrét.-adjoint au collège de don Pedro II.
C. Glasl, directeur du Jardin botanique.
P. M. Binot, horticulteur à Petropolis, près de Rio-de-Janeiro.

Bahia ou San Salvador, *prov. de Bahia.*
MM. . . . . prof. de bot. à l'École de médecine.
Brunet, dir. de l'École d'agriculture.
M. Larceda, consul de Belgique.

Caldas, *prov. de Minas Geraes.*
M. Dr Pedro Regnell, médecin.

Pirassununga, *prov. de São Paulo.*
M. Alberto Löfgren (*Algues d'eau douce*).

Ste-Catherine (*Santa-Catharina*).
MM. Hippolyte Gautier, consul de l'Uruguay oriental.
Fritz Müller.

ÉTATS-UNIS DE LA COLOMBIE.

OU NOUVELLE-GRENADE.

Bogota.
M. Dr Bayon, prof. à l'Université.

Panama.
M. Richard Pfau, Chiriqui (*Orchidées, Broméliacées, pl. ornem.*).

Medellin.
M. Dr And. Posada-Arango, prof. de bot. à l'Université.

ÉTATS-UNIS DU VÉNÉZUÉLA.

Carácas.
M. Dr A. Ernst, prof. d'hist. natur. à l'Univ., dir. du Musée national.

Puerto-Cabello.
MM. M. Polly et Cie (*Bois et pl. vivantes*).

ÉQUATEUR (ECUADOR).

Quito.
MM. R. P. Al. Sodiro, S. J., prof. de bot. à l'École polytechnique et
dir. du Jard. bot.
Aug. Cousin, propriétaire.

Guayaquil.
M. Dr Destruge, consul.

PÉROU.

Lima.

MM. Dr Miguel de los Rios, dir. du Jard. bot.

Henri Donckelaer, jard. en chef du Jard. bot.

Fr. Iriarte, conserv. du Musée nation. d'hist. natur.

Dr J. B. Martinet, ancien prof. de bot. à l'École de médecine (corresp.: M. J. Martinet, place Monge, 3, à Paris).

Prof. Dr Raimondi.

Barranca.

CHILI.

Santiago.

MM. Dr R. A. Philippi, prof. de bot.

Angel Vasquez (Hist. nat., pharmacie, etc.)

Dr Fr. Leibold, pharmacien.

RÉPUBLIQUE ARGENTINE.

OU ÉTATS-UNIS DU RIO-DE-LA-PLATA.

Buenos Ayres.

MM. Dr Burmeister, dir. du Musée d'hist. nat.

O. Schnyder, prof. de bot. à l'Université.

Dr Charles Spegazzini, préparateur de l'herbier de l'Université (*mycologue*).

Dr Charles Berg, prof. de zoologie à l'Univ., insp. du Musée public.

Domingo Parodi, auteur de la *Flora de la Republica Argentina y Paraguay*.

Vincent Rissoto, hortic., Calle Tucuman, 192.

Dr Ernest Aberg (*Eucalyptus*).

Cordoba.

M. G. Hieronymus, prof. de botanique.

PARAGUAY.

Assomption (Assumpçaò, Asuncion).

M. Balausa, naturaliste voyageur (corresp.: M. E. Cosson, rue
la Boëtie, 7, à Paris).

RÉPUBLIQUE ORIENTALE DE L'URUGUAY.

Montevideo ou **San-Felipe.**

MM. José Arechavaleta, prof. de bot. à l'Univ.

Ernest Gibert (*Enum plant. sp. nasc. agro. Montev.*).

Félix Truchart (*Herbier du pays*).

Fréderic Balparda, coll. de pl. pour le Musée de l'Association
rurale de l'Uruguay.

Pierre Margat, horticulteur.

Emile Castro, horticulteur.

GUYANE ANGLAISE.

Georgetown.

MM. G. S. Jenman, superintendant of the Botanic Garden.

J. Waby, head gardener.

Everard M. Thurn, curator of the British Guiana Museum.

ASIE.

INDES ORIENTALES BRITANNIQUES (BRITISH INDIA).

EMPIRE DES INDES.

Calcutta, *Bengale.*

MM. George King, M. B., F. L. S., superintendant du Jard. roy. de bot.

R. Pantling, conserv. du Jard. roy. de bot.

L. J. K. Brace, conserv. de l'Herbier.

D. Brandis, Ph. D., inspecteur général des forêts.

Dr Schlich, conserv. des forêts du Bengale.

Gustav Mann, conserv. des forêts d'Assam.

J. S. Gamble, conservateur adjoint.

A. H. Blechynden, secrét. de la Soc. d'horticulture.

Dr Ottokar Feistmantel, geological Survey of India (*paléont. vég.*)

P. Aitchison, méd. militaire (*Flore de l'Affghanistan*). *Care* of MM. Grindbay and C°, 55 Parliament str., London.

G. Wait, M. D., *Flore des Indes* (55, Parliament str., London).

Dr T. R. Lewis, Stuff Surgeon, General Hospital.

Dr D. Cunningham,   „   „   „

Bangalore, *Madras.*

MM. Colonel W. L. Johnson, dir. du Jard. bot.

J. Cameron, jardinier en chef.

Bombay.

MM. A. Shuttleworth, dir. du Jard. bot., conserv. des forêts.

R. Thompson, conservateur-adjoint.

Darjeeling, *Bengale.*

M. W. Gammie, plantation de *Cinchona.*

Dehra-Dun.

M. Bagshaw, conservateur des forêts.

Ganesh Kind, *Poona.*

M. G. W. Woodrow, superintendant Botanical Gardens.

Lahore, *Punjab.*

M. H. Baden-Powell, conserv. des forêts du Punjab.

Lucknow, *Aoudh.*

Jardin du Gouvernement.

Madras.

MM. Joseph Steavenson, hon. secret. of the Agric.-hortic. Society, dir
of the Garden.

J. H. Storey, superintendant of the Garden.

Colonel Beddome, conserv. des Cinchona.

Georges Bidie, Esq., M. D., superintend. of the Government
Museum.

Neddiwuttum.

M. W. Rowsen, superintend. of the Gov. Cinchona Plantations.

Ootacamud ou **Utakamund,** *Madras.*

M. Jamieson, dir. du Jard. bot.

Saharunpore, *Bengale.*

M. J. F. Duthie, M. A., F. L. S., superintendant du Jard. bot. du
Gouvernement.

Simla.

M. J. S. Gamble, aide-inspecteur des forêts (136, Strand, London)

ILE DE CEYLAN.

Colombo.

MM. G. Wall, F. L. S. (*Fougères*).

W. Ferguson, F. L. S.

Kandy.

M G H K. Thwaites, Ph. D., F. R. S., G. M. G. Fairieland.

Peradeniya.

MM. Henry Trimen, M. B. Lond., F. L. S., dir. du Jard. roy. de bot.

H. Marshall Ward, B. A. (*Cryptogamiste*).

ILE DE SINGAPORE (STRAITS SETTLEMENT).

M. J. Cantley, dir. du Jard. botanique.

INDES FRANÇAISES.

Pondichéry, *Indoustan.*

M. . . . . . ., dir. du Jard. bot. et d'acclimatation.

Saïgon, *Cochinchine.*

MM. Dr L. Pierre, dir. du Jardin botanique colonial (*actuell. au Muséum d'hist. nat. à Paris*).

Corroy, dir. du Jard. bot, de la ferme des Mares.

INDES NÉERLANDAISES.

Buitenzorg (BOGOR), *Java.*

MM. Dr M. Treub, dir. du Jard. bot. et de l'Ecole d'agric.

Dr W. Burck, sous-directeur.

Binnendijk, jard. en chef du Jard. bot. (hortulanus).

C. J. F. Lang, dessinateur du Jard. bot.

R. H. Kykens, prof. à l'Ecole d'agric.

A. Massink,   //   //   //

H. J. Wigman, jard. en chef du Jardin agric.

J. E. Teysmann, insp. hon. des cultures.

Bandoeng, *Java.*

M. J. Bernelot Moens, dir. des plant. de quinquina de l'Etat.

Soerabaya, *Java.*

M. Dr Fritz Schneider.

ROYAUME DE SIAM.

Bang Kok.

M. Dr Harmand, consul de France (*coll. bot.*).

EMPIRE CHINOIS.

Canton, *Kouang-Toung.*
> M. T. Sampson (*flore de Canton*).

Péking, *Pé-Tchi-Li.*
> M. Dr Em. Bretschneider, médecin de la légation imp. russe (*Flore de Péking*).

Shanghai, *Kiang-Sou.*
> M. F. B. Forbes, (The Lawn) (*Fl. de la Chine*).

Whampoa, près Canton, *Kouang-Toung.*
> M. Dr H. F. Hance, vice-consul de S. M. Britannique (corresp.
> M. Fr. Thimm, 24, Brook Str., Grosvenor Sq., London).

COLONIE ANGLAISE EN CHINE.

Hong-Kong.
> M. Charles Ford, surintendant du Jardin botanique.

EMPIRE JAPONAIS.

Tokio.
> M. Dr J. Scriba, dir. de la clinique anatomique.

Yokhoama.
> M. J. Bisset, négociant (*flore du Japon*).
> Prof. Dr L. Doederlein.

RUSSIE D'ASIE.

SIBÉRIE.

Minussinsk, *gouv. de Yénisseysk.*
> M. H. N. Martianoff, pharmacien.

Omsk, *gouv. de Tobólsk.*
> M. J. Slowzow, précept. au gymnase militaire.

Tomsk, *gouv. de Tomsk.*

M. G. Tumenzew, directeur du gymnase.

TURKESTAN.

Taschkent.

M. M. le colonel N. J. Korolkow (*Flore de l'Asie centrale*).
Krause, pharmacien.

Kuldscha.

M. Alb. de Regel, médecin (*Fl. de l'Asie centrale*).

Pichpex.

M. Fétisow, jardinier et collecteur.

EMPIRE TURC.

Beyrouth (Beirût), *Syrie.*

M. Dr George É. Post, prof. de bot. au Syrian protestant College.

OCÉANIE.

COLONIES ANGLAISES.

AUSTRALIE MÉRIDIONALES (SOUTH AUSTRALIA).

Adélaïde.

M. Dr R. Schomburgk, dir. du Jard. bot.

NOUVELLE-GALLES-DU-SUD (NEW SOUTH WALES)

Sydney.

MM. Charles Moore, dir. du Jard. bot.
Dr Georges Bennett.

QUEENSLAND.

Brisbane.

MM. Walter Hill, botaniste colonial et dir. du Jard. bot.
Lewis A. Bernays, F. L. S., vice-présid. de la Soc. d'acclim. du Queensland.
F. M. Bailey, F. S. L., conserv. de l'Herbier du Museum.

Toowoomba.

M. Charles Hartman, amateur de botanique.

VICTORIA.

Melbourne.

MM. Baron Ferd. von Mueller, F. R. S., bot. du Gouvernement.
W. R. Guilfoyle, curateur du Jardin botanique.

NOUVELLE-ZÉLANDE (NEW-ZEALAND).

Christchurch.

MM. J. B. Armstrong, botanic Garden.
W. M. Maskell, Esq., J. P. F. R. M. S. (*Algues*).

Wellington.

MM. Dr James Hector, secrétaire de la Commission du Jard. bot.
John Buchanan, Esq. botanist to Geological Survey.
J. Travers, amateur de botanique.

TASMANIE (VAN DIEMEN).

Hobart-Town.

M. Abbot, dir. du Jard. bot.

COLONIES ESPAGNOLES.

Manille, *Luçon (Philippines).*
MM. Domingo Vidal, dir. du Jard. bot.
Regino Garcia, conservateur des graines.
Fr. Antonio Llanos, botaniste.

COLONIES FRANÇAISES.

Nouméa, *Nouvelle-Calédonie.*
MM. Joubert, amateur de botanique.
John T. Strokarck, amateur de botanique.

ILE SANDWICH (ROYAUME HAWAIEN).

Honolulu.

M. D. D. Baldwin insp, gén. des écoles et curateur du Musée
Hawaïen (*Mousses, Fougères*).

Wailuku.

M. Edward Bailey (*Cryptogames*).

PAGE.

TABLE DES NOMS GÉOGRAPHIQUES.

A

C

H

DERNIÈRES ANNOTATIONS ET CORRECTIONS.

Page   6 M. Wilh. Perring est nommé inspecteur du Jard. roy. de botan.

"   24 M. A. E. Eibel est jardinier en chef du Jardin botanique de Fribourg en Brisgau.

"   27 M. E. Raap, jardinier en chef du Jardin botanique de Hambourg.

"   34 M. Türschmid est jardinier en chef du Jard. bot. de Lemberg.

"   *Effacer* M. Simeon Trusz.

"   *Ajouter* à Lemberg : M. Bronislaus Blocki, assistant au Jardin botanique.

"   46 M. H. Kjaerskou, prof. de bot. à l'École polytechnique.

"   47 M. S. Rützou est devenu archiviste de la Société botanique.

"   Il est remplacé en qualité de caissier par M. Samsoë Lund.

"   51 M. Decaisne est mort.

"   M. Van Tieghem habite rue Vauquelin, 16.

"   Au lieu de Bertholet, lire Berthelot.

"   M. Guignard, licencié es-sciences a remplacé M. Ollivier.

"   52 M. le Dr Leon Marchand est professeur de bot. crypt.

"   53 M. D^r Ed. Bornet est président de la Société bot. pour 1882.

"   Effacez M. de Tchihatchef.

"   Inscrire M. Th. Delacour, 4, quai de la Mégisserie.

"   "   "   M. A. Franchet, 64, rue Monge (*Flore japonaise*).

"   54 M. Dr Harmand est nommé consul de France à Bangkok.

"   58 Au lieu **Chesne** lire **Le Chesne**.

"   59 M. Franchet, voir Paris.

"   Effacer M. Dr P. A. Sagot.

"   Au lieu de M. Acvet-Touvet, lire M. Arvet-Touvet.

"   60 Au lieu de **Hérimont** lire **Hérimoncourt**.

"   61 Au lieu de Dr Laint-Lager, lire Saint-Lager.

"   63 Effacer **Olargues,** etc.

"   65 Inscrire :

    Serignan, *Vaucluse.*

     M. J. H. Fabre (*Sphériacées*).

"   78 M. Ed. Beccari habite Borgo S. Croce, 12.

"   88 Inscrire parmi les membres de l'Académie :

    MM. R. de Bunge, membre honoraire.

      L. S. Cienkowski, membre correspondant.

Page 88 M. Tatarinoff est secrétaire de la Société impériale d'horticulture.

    89 M. A. de Bunge habite Sebastopol.

      Au lieu de A. Bruttau, lire A. Bruttan.

      Effacer M. Gerhard Pahusch.

      Au lieu de **Gamba-Karleby**, lire **Garla-Karleby**.

    90 Effacer M. L. Reinhardh.

    91 M. E. Hohnbaum est jardinier en chef du Jardin botanique de Kiew.

      A Moscou, inscrire M. H. Zabel.

    92 Inscrire à Odessa :

        MM. L. Reinhardt, docent d'anatomie et de physiol. végétales.

          D. Kogewnikow, docent de morphologie végét. et de systématique.

      Inscrire à Sébastopol, M. A. de Bunge, prof. émérité de bot.

      Effacer **Wilna**, etc.

      Inscrire : **Wologda** :

        M. N. Ivanitski, précepteur (*Flore locale*).

   106 Inscrire à Washington :

        M. George R. Vasey (*Flore de Californie, Arizona et Nouv.-Mexique*).

   107 Inscrire sous CALIFORNIE :

      Oakland

        M. J. G. Lemmon (*Plantes de l'Arizona*).

   109 Inscrire sous ILLINOIS :

      Englewood

        Rev. E. J. Hill.

   114 Au lieu de Wm Tretease, lire Wm Trelease.

   118 Effacer Plainfield, etc.

   119 Au lieu de **Wechester**, lire **Westhester**.

   123 Inscrire à Cincinnati :

        M. J. F. James, 177, Race St.

      Inscrire sous OREGON :

      Union

        M. W. C. Cusick (*Blue Mountain Plants*).

   124 Inscrire à Newport :

        M. Frank Tweedy (*Fougères*).

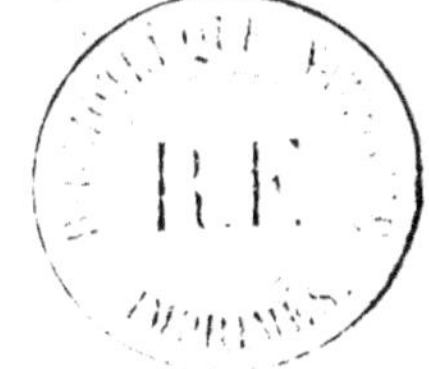